你的孤独，
终有回响！

NI DE GU DU, ZHONG YOU HUI XIANG

△ 丁麟 著 △

民主与建设出版社
Democracy & Construction Publishing House

图书在版编目（CIP）数据

你的孤独，终有回响 / 丁麟著. -- 北京：民主与建设出版社，2016.3
ISBN 978-7-5139-1043-9
Ⅰ.①你… Ⅱ.①丁… Ⅲ.①成功心理 – 通俗读物
Ⅳ.①B848.4-49
中国版本图书馆CIP数据核字(2016)第059075号

出 版 人：	许久文
责任编辑：	李保华
版式设计：	刘　艳
出版发行：	民主与建设出版社有限责任公司
电　　话：	(010)59419778　　59417745
社　　址：	北京市朝阳区阜通东大街融科望京中心B座601室
邮　　编：	100102
印　　刷：	北京欣睿虹彩印刷有限公司
版　　次：	2016年6月第1版　2016年6月第1次印刷
开　　本：	32
印　　张：	8
书　　号：	ISBN 978-7-5139-1043-9
定　　价：	32.80元

注：如有印、装质量问题，请与出版社联系。

你要知道,在世界上有很多人和你一样也在孤独中前行,经历着黑暗和艰难的时光。

与这个世界和解,接纳自己的不完美;但是不要跟这个世界妥协,要坚持一直向前走。

然而在我 25 岁这一年，我似乎觉得自己已经足够强大，强大到这孤独的念头也只是一闪即逝。

我希望爱情不是一场硝烟弥漫，而是一场你情我愿。我可以肆无忌惮地对你好，可以奋不顾身地去爱你。

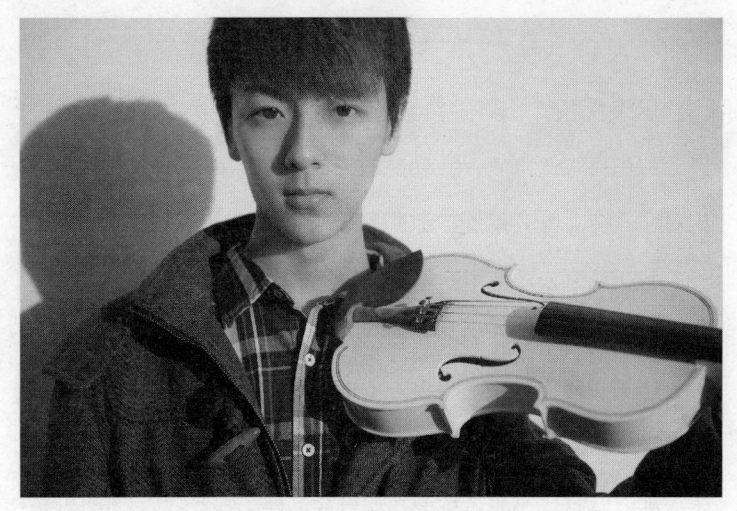

自序

从刚毕业到现在,我折腾过很多回,也曾经有过很多的低谷期。

刚走出校门的时候,迫不及待地想要向这个世界证明自己,所以轻率地选择了自己去开店做生意,然后结果自然是一塌糊涂。

之后我便收拾残局,自己再去找工作。

第一份工作干了不长的时间,又因为觉得跟自己志向和兴趣不符再次辞去工作。辞职的时候我并没有想好自己要做什么。于是待在家里写网络小说、给医院写街头传单的软文,还给人写过一些网络短片的剧本。

后来我进了一家刚开始创业的文化公司，这一次终于找到了自己真正喜欢的事情，所以我全身心地投入进去，即使工作环境相对差一些，也没有改变我的热情。

我在这家公司待了三年。这三年间，经历过动荡、低谷、迷茫，我们就像是一群航行在大海中的水手，时刻准备着与暴风雨战斗。

这是一段很难忘的时光，也是一段很艰难的时光，很多时候都觉得自己要撑不下去了，整个人濒临崩溃。

那时候我经常想，难道我就只能这样了吗？我以后的出路在哪里呢？

有时候真的很需要一个曾经也经历过这些的人来告诉你，你的努力和奋斗绝不是徒劳无功，你所经历的，不过是每个人必然要度过的艰难时光，这个世界也有人与你一样正在经历着这些。

也许别人的经历未必适用于你，也许你最后还是有可能失败，但是至少可以让你在当下的日子里少那么一点点的难挨。

还好，我坚持了过来。当我回望走过的路，觉得险象环生，却又无比踏实。险象环生是因为真的经历过很多艰难时刻，而觉得无比踏实是正因为经历过这些曲折，所以我才能找到正确的方向，看清楚脚下的路，才有了以后的坦荡前行。

所以我想把我的经历、我的故事、我的感悟分享给你听。

这些文字里有着我的情绪和悲欢，有我经历的曲折和成长。

这是我的青春印记，也是我成长的证明。在那些孤独难熬的时刻，我选择用文字把这些状态记录下来，把情绪流诸笔端，就好像把心里的话，说给另一个人听。

　　成长总是孤独的，在你学会独当一面之前，有很长的路需要你一个人摸索着前行。在这个过程中，你会怀疑自己，你会迷失方向，你会失去勇气。我们多么需要有个人能够一路同行啊！

　　但是抱歉，我对你说："你的路，只能你一个人走下去。"

　　但是别丧气，我对你说："这条路，不止你一个人需要这样走下去。"

　　你要知道，在世界上有着很多和你一样的人，也在孤独中奋然前行，也在经历着黑暗和艰难的时光。那些比你出发早一点、走得快一些的，也曾经和你一样苦苦挣扎。你是一个人，因为那是你的路。你不是一个人，因为我们都在路上。

　　如果说成长必须是孤独的，那么这孤独，终有回响。

你 的 孤 独 ， 终 有 回 响

目录 Contents

愿我们回想起青春，永远不觉得残酷

有些路你只能一个人走过 / 002

像少年一样去爱，像成人一样克制 / 007

倾听内心的声音，做自己喜欢的事情 / 014

给别人一个机会，给自己一个出口 / 019

梦想并不是逃避现实的借口 / 024

接受生活的改变，适应自己当下的角色 / 031

你的孤独，终有回响 / 035

与生命中，最深处的自己勇敢相遇

与这个世界和解，但不妥协 / 042

既然选择了开始，那就拼命让自己留在场上 / 048

做事总是差不多，关键时刻差一点 / 053

在自己放弃之前，没有人可以打败你 / 056

学会对生活进行过滤 / 065

停止抱怨，做一个独立自强的人 / 068

去做啊，为什么不去做呢 / 073

不管能走多远，一直向前走就是了 / 079

这一刻起，只活得是你自己就够了

可是 Andy，活着是不需道理的 / 092

走出自己的小世界，尝试更多的可能性 / 097

当你觉得艰难的时候，说明你正在往前走 / 103

出身卑微从来不是放弃努力的借口 / 113

那些曾经的苦难，总有一天会让你笑着说起 / 117

跑得赢时光，留得住初心 / 121

每一次的跌倒，都让我看清楚脚下的路 / 126

生而为人，总会孤独 / 130

从此以后，我爱上的模样都像你

我能遇见你，已经很不可思议了 / 136

现在的迷茫是因为曾经的轻狂 / 152

我的世界你曾来过 / 165

有些故事还没讲完那就算了吧 / 181

如果你曾奋不顾身爱上一个人 / 194

江湖子弟江湖老 / 220

我只是陪你走一程 / 229

如果当初是他离开你,那么说明他没你现在怀念的那么爱你;如果是你离开他,那么说明你没你现在哀伤的那么爱他。

愿我们回想起青春,永远不觉得残酷

有些路你只能一个人走过

有一次回家，偶尔打开我存放一些旧物的柜子，结果就像打开时光宝盒一般，发现里面堆满的都是尘封的记忆。

里面有小学、初中、高中这三个不同时期的毕业留言簿、毕业照片、小伙伴们赠送的小礼物、一起照的大头贴……这些东西就这样安安静静躺在柜子的底层角落里，任由灰尘将它们全部覆盖，而它们的主人几乎从来想不到将它们翻开看看。

看着这些旧物，我心里被小小触动了一下，一时间来了兴致，便将这些大小册子和小物件都翻出来，堆在桌上，然后慢慢翻阅。

本以为会翻出一段旧时光的记忆，没想到却翻出了许多的迷惘——留言簿里的好多名字我都已经完全想不起来了，而那些照片里的面孔也有很多让我感到陌生。有时候觉得这个名字好熟悉，但是却无法拿着照片与他的脸对应起来；而有些面孔，却是死活想不出来他叫什么了。

当然更多的人还是感到熟悉的，看到的时候也确实能够勾起往日的记忆，只是同时也发现，我们现在已经彻底失去了联系。如果不是这一次偶然将这些东西从柜子底翻出来，那么也许我再也不会想起他，想起曾经生命中跟这样一个人有过交集。

而即使此时此刻我能够暂时将往日的记忆拾起，接下来的人生路，我们还是很难再有交集，毕竟现在各自都有自己的路走，道不同，自然不相为谋。

这样说或许会让人觉得有些冷血和残酷，但这就是事实。每个人都有自己的生命轨迹，有的轨迹能够相互交叉，有的永远不会有交点，当然也有极少数会一直缠绕在一起，比如你的家人和爱人。

在上学的时候，我们已经习惯了经常有着许多人的陪伴，在失落无眠的夜晚，也总有人能陪你一起无眠。那时候我们相信会做一辈子的朋友，对着彼此许下无数的承诺。

而在工作以后，我们往往会突然发现，很多曾经朝夕相处的人，已经从我们的生活中消失很久了。

有多少人在毕业的时候曾经互相说过，只要彼此结婚，无论天涯海角一定会赶去参加对方的婚礼？而又有多少人能够做到。

我的QQ和微信里，都有着各个时期的同学群。

刚开始的时候，大家还热热闹闹的，寒暄着问候彼此之间的近况，约定着什么时候一起聚一聚。过了一段时间以后，群里聊天的人就少了起来，大部分时候都静悄悄的。其实有些人已经将群消息屏蔽掉了，只是碍于面子，谁也不愿意直接退群罢了。

这些年每个人都有自己的生活，工作的领域不同，所处的环境不同，都有了新的朋友圈，新的社会关系，甚至不少人已经成了家。

说到底，大家能在一起聊来聊去的也就是过去上学时候的那点事儿了。可是年代久远，好多事情已经忘怀，有时候说起某件事来不免犯一些张冠李戴的错误。而即使是这样，一旦这点残存的共同记忆聊完，就很难再有共同话题了。

碰巧有人的工作领域相同，或者住得近还会继续有一些来往，其他人大都是出于礼貌的敷衍了。

还有一部分热衷建立各种同学群的人是出于商业目的的，我就被两个同学拖进群里，然后每天看他们卖面膜。刚开始还碍于情面说说话，后来直接退群，顺便把人给删了。

很多人都感慨那些美好的旧时光再也回不去了，觉得学生时代的友谊才是最纯粹、最纯真的。但其实生活就是这样子，每一个阶段都有不同的人出现在你的生命里，当你走过这个阶段，那些人自然会淡去离开。不必强求，也不必伤怀。那些总是前呼后拥伙伴成群的日子，只是生命中极小的一部分，一个人才是常态。

有些路，只能你一个人走过，生活终究是得自己来过下去。

年少时候去KTV总喜欢唱周华健那首《朋友》，在唱到"朋友一生一起走，那些日子不再有，一句话，一辈子，一生情，一杯酒"的时候，往往所有人都手臂互相搭在肩膀上一起合唱，决心要做一生一世一起走的朋友。

现在想，能一生相伴的朋友是何其难得。

并非我们薄情，只是大家各自际遇不同，人生起伏，早已各自散落一方。与其强说什么一生一起走，不如相忘于江湖，彼此都过得安好。在多年以后重逢，能够相视一笑，便已经是莫大的欣慰了。

学生时候大家单纯一些，无忧无虑，即使有些家境的差异，也能因为学校这个特殊的环境做大程度地缩减，所以那时候的确是纯纯的友谊。而工作后环境复杂一些，大家起点不一样，能力有差异，却都是为了讨生活，不免会有竞争和比较，关系自然也不会有那么的简单。

我怀念那时候的单纯和无忧无虑，但是也更喜欢现在的生活。因为现在的我们每个人都是独立的个体，能够担负起自己的人生，无论接下来会发生什么，都是自己选择的结果。

大家互相之间都保留着足够体面而合适的距离，不干涉别人的生活，不必对谁解释什么，不必因为一些小事情苦恼伤怀，这样人和人之间的关系,其实又何尝不是另外一种意义上的简单呢?

既然往事不可追,那就一个人勇敢向前走。

前路上会路过更多的风景,经历更多的人,那个走到最后能陪你留下来的人,终将结束你的孤独。

像少年一样去爱，像成人一样克制

高中的时候，我曾经交往过一个女朋友。

有一天我半夜从梦中醒来，突然无比地想念她。那时候手机还没有像现在这样普及，我的思念自然无从寄托。在床上瞪了一会儿眼睛以后，我跳起来麻利地穿好衣服，出门去找她了。

尽管第二天上早自习我就能够见到她。

那时候我以为了方便学习的名义在外面自己租房住，所以也不会遇到宿管大爷这种阻碍，可以来一场说走就走。

出了门才发现外面下着大雪，地上已经有着厚厚的积雪，天空中雪花还如筛灰一般落下。但心怀着爱情的炽热，我丝毫没觉得冷。北方下雪的冬夜格外寂静，此时已经是凌晨两点以后，街上没有一个行人，只有我自己踏在积雪上的声音格外清晰。

我穿过那条横穿整个小县城的街道，来到我当时女朋友家的楼下。然而我什么都做不了，楼门紧锁，况且即使开着我也没勇气在半夜里去挑战她母亲的忍耐度。

于是我在楼下冒着大雪站了一会儿，抽了一支烟，惆怅了一阵子之后，就顺道拐去了网吧……

直到很久以后，时过境迁，妹子已经再无联系，而我也不再是那能半夜扛住风雪的鸡血少年，我才领悟自己当时的心态。

那不过是一种表演罢了，除了把自己感动一下，制造一点自己痴情的假象，一点意义都没有。

在感情中，我们往往觉得自己掏心掏肺，所做所为能够感天动地。闻者伤心、见者叹息的那些举动为什么偏偏感动不了你？我们总是容易用一种自虐的方式制造出一种痴情的假象来使得自己站在感情的道德制高点上，获得一种畸形的满足感和安全感。

其实无论是雪夜去对方家楼下站会儿或者是冒着大雨给她送一杯奶茶这种桥段，自己回想起来往往觉得如乔峰大战聚贤庄、关羽千里走单骑一样壮怀激烈；对于对方来说，一杯奶茶就是一杯奶茶，无法承载起你想要在上面寄托的山崩地裂的那些情怀。

少年的时候，总是迫不及待地将自己的满腔爱意表达出来，而结果往往是陷入表演之中却不自知，所以两个人的记忆才会出现偏差。那些你觉得刻骨铭心的过去，对方往往没有同样的感觉，甚至茫然不知。

好比大夏天你穿越半个地球带着一件皮大衣送过来，然后霸道地给对方穿上一样。对你而言你付出了很多，但是对方根本不需要啊。

在你的记忆中，你漂洋过海、翻山越岭送温暖，不说东西，光这份心就可鉴日月，感动天地，而在对方的记忆中，是有个傻逼千里迢迢地赶来添堵。

当然我们都有矫情的时候，在一起时适当来一场互相配合、愿打愿挨的表演也有益身心健康，有助感情升温。但一定要记住，这种事儿其实双方都该心知肚明。一方知道自己是恃宠而骄，提出的要求也恰到好处，对方也乐意配合完成，之后才能收获皆大欢喜。

我现在极力使得自己避免陷入这种表演之中，向别人表演自己的感情，表演自己的情绪，表演自己的伤悲。大家都很忙，谁也无暇去感受你的伤悲，也没空替你去传播。何况即使有人愿意去聆听你的烦恼，也有可能是希望增添一些茶余饭后的谈资罢了。

即使真的伤悲，那也埋在心里吧。说出来，在意的人听了心塞，不在意的人不会在乎；厌恶你的人拍手称快。

那又是何必呢？

成长的标志就是懂得克制自己。克制自己的情绪，克制自己的表演欲，甚至克制自己的喜欢。

少年时候，喜欢一个人恨不能把她变成自己身体的一部分。

她刚说冷，我这边心里已经结冰了；她说难过，我立马如丧考妣，比她还难过，唯恐无法将自己的爱意表达出来。

那时候好年轻，有那么多的时间和精力去肆意燃烧、挥洒，相信会有天真不变的感情。所以尽管前文都在批判那时候的矫情，可我真心怀念那些过去的时光。可是再也回不去了不是吗？

每天早上匆匆行走在如同希特勒毒气室一样的北京，个个脚下生风，走向一座座大楼。需要面对你总觉得脑子有点欠缺的老板和过早步入更年期的女上司，然后做一堆无用的方案，混着那点微薄的工资。

说到底，没那个时间和精力再去玩那些矫情的把戏。这个时候的喜欢，更应该是一种相互的支持和陪伴以及包容。

年少时候我们之所以如焰火一样释放燃烧自己的感情，除了当时我们年轻有精力以外，也是我们无法找到自身的价值所在。总想把自身价值的实现体现在另一个人的身上，去影响他、改变他。

而事实上，谁也无法承担起另一个人的价值寄托，只有做一个独立、有价值的人，才能真正学会去爱另一个人。

也千万不要尝试改变另一个人，这注定是徒劳的。

做自己就好，爱情的真谛在于相互的吸引、志趣相投的同行，而不是追逐和依附。

生活中有很多女孩子总是在爱情中受到伤害，她们无论如何都想不明白，为什么那个当初对她百依百顺、宠着爱着的男人会突然有一天就转身离去。他们没有丝毫的留恋，无论如何挽留都无法拯救这段逝去的感情。

我认识的一个女孩子给我讲述了她跟她前任的故事。

在相识的最初，是她前男友追的她，而她当时并不喜欢这个看上去有些木讷呆板的男孩，果断地拒绝了他。然而这个男孩子并没有放弃，一直默默地追求她，在每个节日都送上温暖的祝福和贴心的礼物，只要她有需要，总是第一时间出现在她的面前。

女孩子渐渐被这个男孩的温柔和贴心所打动，对他也不再是强烈的排斥，偶尔两人也会在周末一起逛街吃饭看电影。然而也仅限于此，女孩并没有想着把这层关系更进一步。

可是随着时间的推移，女孩子最终还是沦陷在了男孩的温柔相待中，半年后，他们正式在一起了。

如果故事在这里结束，那该是美好而值得让人祝福的。然而真正在一起仅仅三个月的时间，两个人便分开了，从此陌路，老死不相往来。

分手的原因是，女孩觉得在一起以后男孩没有以前还在追求阶段的时候对她那样用心了；而男孩则无法再忍受女孩对他过分的索求和依赖。两人矛盾越来越大，最后只能选择分开。

我告诉这个女孩子，在这段感情之中，她和她前男友都犯了错误。

刚开始女孩子并不喜欢这个男孩，却贪恋他对她的那一点点好，并没有完全拒绝男孩。而那个男孩在这样的情况下，如果要舍弃，恐怕有些不甘心，觉得还有一线希望；选择继续追求的话需要每天挖空心思去讨好女孩子，也把自己搞得疲惫不堪。

时间长了，男孩投入了大量的精力和感情，更加难以自拔，而女孩却是被男孩一点点占据内心，天平开始渐渐倾向了男孩的那一边。

矛盾在他们还未真正在一起的时候就已经埋了下来，直到真正在一起以后才彻底爆发出来。

在一起以后，男孩觉得终于松了一口气，觉得美人到手可以不用每天再装着、端着、捧着了；而女孩子则是觉得终于名正言顺地成为了他的女朋友，可以让他更加宠着、爱着、哄着了。

结果便是在一起以后，两个人都发现对方不是自己想要的样子，这段感情没有他们想象的那么美好。

如果他们都能明白花前月下只是一时的激情，平淡相待才是生活的常态，也许他们能走得更远一些。如果男孩子在一开始便懂得克制一些，以自己的真实一面示人，也许便不会把自己搞那么累了。

如果女孩能明白，在爱情之中没有谁对谁的付出是理所当然的，自己应该是独立的，不必依附谁，不必过分的索取，也许她不会对这段感情那么失落了。

我见过太多的女孩子，在恋爱中跟自己的男朋友在做家务这样的问题上谈女权，讲究男女平等，而在类似房租、水、电这样的花销之中又去讲传统，觉得这是男生天经地义该承担的义务。

虽说感情是一场你情我愿，只要当事双方觉得没问题那别人也不好说什么，但倘若一个女孩子在感情中想要真正拥有更多的自由、实现更多的自我价值，拥有更多实现自我意志的空间，那么一定要做到自我的独立。

无论是精神上还是经济上，都要把自己当作一个独立的个体，自己的价值靠自己去实现，不做任何人的附庸，同时也不被任何人所操纵和限制。

只有做自己，明白自己的价值所在，在感情之中让自己处在主动的位置，更加理性、克制、从容地去面对两个人的关系，这样才能收获更长久的感情。

倾听内心的声音，做自己喜欢的事情

高中阶段曾经玩过一段时间的网络游戏，一开始非常狂热，通宵去网吧刷任务，熬得双眼通红。

第二天上课也是精神恍惚，一走神眼前飘的就是游戏里刷怪物的场景。但是玩到后来就渐渐失去了兴趣，并不是因为要花钱什么的。那个时代的国产网游还没有现在这样无下限，不花费人民币就没法玩，只要肯花时间，勤刷任务勤打怪、卖卖材料赚赚钱，一样可以玩得不错。

我失去兴趣的原因是我找不到玩这个游戏的意义。

网上看到一则信息说，科学家通过折腾小白鼠发现：只要有奖励，小白鼠们可以不知疲倦地执行某一个行为（比如按摇杆得到食物）；即便它失去兴趣，稍微变变奖励的样子，它们就能战火重燃。

而同样人之所以爱玩游戏，不断地重复任务打怪，是因为宝箱、秘籍、装备、技能点等这些游戏奖励的刺激和驱使。

然而对我来说玩一款网游的动力来源是新鲜感。

角色扮演类的网络游戏应该是具备一定的社会性和相当强的代入感的。玩一款游戏就像是置身于一个新的世界，在这里有全新的世界规则，可以突破现实中的种种限制，变得飞天遁地无所不能。捉妖打怪神通广大，极大地满足人们的幻想。

另外，网游中也会建立起属于这个世界的社会关系，一起刷怪的伙伴，同一个帮派的兄弟，甚至还有不少网游中的情侣。有的人还能够将虚拟网游中的关系搬到现实中来，比如网游中的情侣在现实中结婚这样的事情也极有可能发生。

在这方面我大概算不上是一个合格二次元世界的居民，很难在虚拟网络上建立起亲密关系，网上交友或者网恋什么的这种事情更是不会在我身上发生。所以网络游戏的社交属性并不能吸引我。我更感兴趣的还是游戏的各种场景和剧情任务。

但是等到玩到一定程度以后就会发现，你每天所做的一切都不过是在简单的重复，比如十级的时候是去城外打青蛙，六十级的时候是去洞窟里打龙；十级的时候给村里的阿婆送信，六十级的时候给门派的掌门送信。

当我对这一套流程熟稔之后，就失去了玩下去的激情。我那时候琢磨，我玩这个游戏图什么呢？升级、换装备，升更高的级，换更高级的装备。我实在想不出来继续玩下去的意义，便渐渐退出了这款游戏。

同样的事情发生在看一些网络小说的时候，主角杀人打怪得装备、丹药，然后升级，不断重复这一过程，最后飞升成仙，全书完。这种书看着看着就觉得疲倦了，看不下去。

玩网游，看网文，只不过是无聊的消遣，真正让我困扰的是，在工作中我也出现了这种情况——有时候我会觉得自己所做的一切工作都不过是在不断的重复，没有什么创造性和新鲜感。

最痛苦莫过于觉得自己正在做的事情没有意义，所以做自己喜欢的事情很重要，有激情很重要。这是我后来悟出来的道理。

在我工作的上一家单位，我们曾经有一个充满激情和凝聚力的团队。那时候虽然大家的薪水低微，但是每个人都充满干劲。头脑中时刻都在酝酿着新的想法，彼此之间也能第一时间进行交流，甚至走在路上的时候，脑子里都在想工作的事情。

也许有人觉得，在路上想工作上的事情是大部分人都会有的常态。我想说的是，主动积极地去想工作的事情和迫于压力去想，这是完全不同的两种状态。

我现在因为担心无法完成领导交代的事情，或者惦记着公司的绩效考核，也会在业余的时候想着工作的事情。每每这时候，就觉得压力山大心里沉甸甸的。

而在过去，我是主动去想如何把事情做好，一旦脑子里迸发出一个新的念头就会兴奋不已，迫不及待地想要去实施。没有任何来自外界的压力，甚至也没有利益的驱使，只是对自己所做事情由衷的热爱和发自内心的激情。

这就是创造所带来的快乐和动力。所以在你对当下所做的事情感到迷茫的时候，一定要去调整自己，找到问题所在，并且解决它。

没有激情和喜好的驱使，是一定无法长久地坚持一份工作，并且把它做好的。只有你从内心中相信自己所做的事情是有意义的，做这件事情才会给你带来成就感和喜悦，让你主动积极地去做好这件事情。否则就是为完成任务而完成任务，敷衍了事混日子，这样是一定无法做好事情的。

在选择职业的时候，除了薪水和行业前景，也一定要多多倾听自己内心的声音，尽量去选择自己喜欢的事情。所谓的宏观大数据、行业前景、起步薪水这些，固然值得参考，但也仅仅只是参考即可。任何行业都有做到最顶级的精英，也有混日子的底层。无论多么有前景的行业，如果你个人无法胜任，同样也只能是其中平庸的一员，甚至有可能最后被淘汰出局。

而即使是那些所谓的夕阳产业，一样有人能够做到极致，成为行业的领袖，做出非凡的业绩。

从自己的喜好和长处出发,这样才能将自己最优秀的一面发挥到极致,取得最高的个人成就。

做自己就好,你无法成为别人,也无须成为别人。找到自己的兴趣和价值,倾听内心的声音,做自己喜欢的事情。

给别人一个机会，给自己一个出口

这是一个失恋的季节，朋友圈里飘荡着一股颓废的气息。有人在缅怀前任，有人在失落伤心，有人在赌咒怨恨。

我们公司自打从七层搬到二十一层以后，似乎所有人的感情都开始变得不顺当，这让我有种找个风水大师过来看看的冲动。

平安夜那天，一刷朋友圈，晒幸福的寥寥无几。比较多的内容是在数这是第几次一个人过节的；还有一部分是在深情缅怀有前任陪伴日子的，最后这部分以女性居多。

我不由得生出一个想法，既然这么多感情上的失落之人，大家似乎都在感情上受过伤，也看上去都一副情深模样。那何不将这些痴男怨女撮合一下，这样便天下太平，皆大欢喜。

然而事实上是，大家都沉浸在自己的世界之中独自悲伤，一点都没有要走出来的意思。我不是很能理解那些停留在过去，无法走出前任阴影的人。很想问他们，那个人真的有你现在怀念的这么好吗？如果真的这么好，那么你们为什么要分开？

如果当初是他离开你，那么说明他没你现在怀念的那么爱你；如果是你离开的他，那么说明你没你现在哀伤的那么爱他。

不管哪一种情况，似乎都不应该让你在时过境迁之后依然无法释怀。

也不要说什么不得已的苦衷，什么来自外界的压力。真的爱情是九死不悔、全力以赴，面对压力时候的携手相迎，危机来临时候的不离不弃，平淡时候的安然相守。

始终保持那一颗初心，能接纳彼此的不完美，愿意去为了守护这份感情的拼尽全力。

在一起的理由只有一个，那就是你们相爱。而分开的理由有无数个——父母不同意、不在一个城市、房子、工作、时机不成熟……其实，这无数个理由只能归结为一个，那就是不够爱。

当你心中开始衡量你的女朋友和一份工作哪个更重要时，你们感情的根基已经悄然崩塌。

在相爱的时候就用尽了全身的力气去爱，没有一丝一毫的保留，不真正走到绝路绝不放手。哪怕到最后精疲力尽，耗尽了最后一分力气，大家两败俱伤，各自陌路。但是至少我尽力了，所以无悔，所以才能从容。下次面对爱情我依然会奋不顾身去爱，去用自己所有的热情和精力去爱。

只要真的尽力了，那就可以在一段感情结束之后，说我不悔。在他说出分手以后，如果你还依然爱他，依旧忘不了他，那就勇敢去挽留啊！去告诉他，我还爱着你，我忘不了你，我们复合吧！

只要他还没给另一个女孩的手上套上戒指，那你就是有机会的。

如果你做了一切，他依然没有回头，那你也该死心了，也该放下了。你这样独自一个人流泪到天亮是给谁看呢？想挽回什么？能挽回什么？不过是一场自己对自己的表演，自己在心中疼惜起这个痴心绝对的自己来。

离开的时候就用力一些，让自己痛彻心扉，这样才能狠心离开，不再缅怀。不要再沉浸在自己编织的假象之中不愿意醒来了。

其实那些曾经的场景远远没有离别后缅怀中的那么美好，也许你记忆中他捧着花气喘吁吁来找你的场景，在当时是前一个小时他还在打游戏，跟你吵了一架之后才匆忙赶来补救；他带你去看焰火的那个晚上，其实是你缠了他好久，最后他才心不在焉，头发都没洗一下就带着你出发；也许，在一起的那段时间，你一直嫌弃他不够有本事，经常骂着让他滚蛋。

人总是这样，会将记忆进行篡改和修饰，让自己能够不那么难受一些。却不知道这样做伤口并没有愈合，而是在回忆虚构出的甜蜜浪漫下发霉腐臭。画地为牢把自己的心锁起来，沉于永夜之中不愿走出。

放过自己吧！如果你自己不愿意走出来，那么外界再多的光也照不亮你的心。

几乎所有失恋的人，都会觉得，自己再也不会有幸福了吧，再也遇不到真爱的人了吧？甚至担心再也没有像自己这样的人去爱TA，TA该怎么办呢？

在彼时彼刻这样想是人之常情，再正常不过了。但若从此以后将心锁起来，再遇到谁都觉得并非良人，无一人可替代心中捂着舍不得放开的那个残影，不愿意去寻找，不愿意敞开心门，那谁也拯救不了你。

有时候，你需要给自己心口狠狠一刀，剜掉那些旧疮腐肉，让血液重新流动起来，让伤口变硬结痂，才能愈合重生，重新出发。

所谓缘分大概就是给别人一个机会，给自己一个出口。没多么玄乎，无非是把你那扇心门敞开一点点让外面的光亮有机会照进来罢了。

缘分自然难求，但也不至于真就过尽千帆皆不是了。爱情也无非是一次次彼此尝试靠近之后产生的温度。那种第一眼就两情相悦，火花四射的感情固然存在，也令人向往，但又有几人能遇见？

真要都能一眼看对眼，那天下也没有那么多爱情故事了。当你遇到一个人的时候，光靠最表面的感觉是无法确定他是否是你所要的那个人的。

　　大部分人在刚接触的时候都会不自觉地掩饰自己一部分真实内在，只有在真正熟络起来，你才能看到完完全全的他。我以前也是对自己识人颇为自信的，往往喜欢在刚接触不久就给一个人心中打上标签。而在真正和一些人成为朋友之后，才发现很长一段时间以来，我对他的判断都是错误的。

　　所以一定要敢于去尝试，去接纳。

　　也许给自己多一点点时间，你会发现原来他也不是你所看到的那样平凡，给他多一点点机会，他会变成你心中想要的那个人。

　　真爱并非不来，幸福总在门外徘徊，看你是不是愿意打开门推开窗去接纳！

梦想并不是逃避现实的借口

工作这几年一直都没挪地方，待在同一家公司，所以几乎经历了这里所有的人事变动。

人来人往，许多曾经朝夕相处的工作伙伴，突然有一天便会站起来，笑着跟大家告别，然后收拾东西离去。许多人在辞职之后大家依然保持着联系，更多的人却是从此各自奔天涯，再无音讯。

我们公司规模不大，但是氛围很好，大家经常会在午休时间一起扯理想、聊人生，下班后再一起去喝一杯。所以当有人找到更好的工作时，大家都会笑着祝福，毕竟人往高处走。

经历的多了以后，我对这类事情便也司空见惯，觉得这都是工作生涯中必然经历的过程，不会再像公司那些参加工作没多久的女孩们，会因为一位伙伴的离开而眼圈红红。

而经过这几年的观察，发现离职的多数为两种情况，一种是已经工作了很久、积累了一定工作经验的职场老人，有了更好的工作机会，跳槽去了更好的平台；还有一种则是那些刚刚离开校园进入社会的新人，他们往往对当下的状况感到不满、觉得现实跟自己的梦想有着太大的差距，所以选择辞职。

经常会有这样的事情发生：一个新工作伙伴，大家都觉得他很适合这份工作，跟同事也相处融洽，虽说要熟练上手、独当一面还差了一些，但也能看出来是个好苗子，其他同事也乐意帮助他更快地成长……

然而往往突然有一天，这个人就辞职不干了。

相信参加工作久的人都有过类似的经历，而这其实也是很多企业不愿意用新人的原因之一。因为一个新人，其实在学校学到的那些技能基本在工作实践中很难用得上，公司得从零开始一点点培养，才能让一个新人真正可以上手工作。而往往刚刚觉得这个新人摸到了一点门道，快能派上用场的时候，他宣布辞职了，让你之前所有的心血全部白费。

作为用人单位遇到这样的情况自然是大大的不乐意，而这些任性离职的新人却也往往感到满腹委屈。

我曾经和几个这样半路离开的新人交流过，几乎这些人都觉得这份工作跟他们心目中预期的不一样、觉得这不是他们想要的生活、干得不开心、背叛了自己的理想……所以他们才会毅然选择离开，去追寻自己的梦想。

　　遇到这种情况我也只能笑笑，希望他们都能找到自己喜欢做的事，成为自己想要的样子。但我心里却是清楚地知道，他们之所以辞去这份工作并不真正是为了追寻他们的梦想，只是无法面对当下的压力选择逃避罢了。

　　因为我也曾跟他们一样，在刚离开学校的时候干过这样的事情。我是2011年夏天毕业的，当别人冒着七月的酷暑开始到处跑着面试找工作时，我已经开始筹划着开自己的店了。

　　在上大学的时候，我有一个哥们是学摄影的。那时候我是我哥们的专用人像模特，他经常挎着相机蹬着破自行车来我们学校找我。当时我也正是自恋的年纪，有个人给我免费拍照自然乐意得很。而我这哥们也的确功力了得，给我拍的一系列照片在他们学校广为流传，有时候我去他们学校找他，路上还会有女生戳戳点点。

　　大概人在年轻的时候总喜欢在半夜里把自己灌醉，然后故意在马路上踉跄而行，大声说着含混不清的话，觉得这样才是青春该有的样子。

　　我那时候经常跟我哥们偷偷爬上他们学校男生宿舍楼顶，然后就着啤酒彻夜长谈。就这样谈着谈着，我们就做出了一个重大的决定：等毕业以后一起去创业，开一家婚纱摄影影楼。

当时想的很美好，我是学工商企业管理的，到时候负责店面的管理和运营；他是学摄影的，负责技术。再招个化妆师，招两个漂亮接待女生，这店也就可以开了。

要开店当然避免不了资金问题。当时我们都在省城上学，一致觉得在这种大城市租金太高，不适合我们这样的新人起步，所以我们都把目光瞄准了家乡小县城。我和我哥们两人谋划了一番，觉得在我们家乡开店简直是优势太多了。

首先，家乡门面租金便宜，需要的启动资金少，可以用低成本就把店开起来；其次，家乡这边的婚纱摄影产业还不够发达，而我们可以利用我们在外面接触的新理念来经营，一举占领市场；再者，我们在家乡有着广泛的人脉，到时候亲朋好友都可以支持我们的生意，即使最差也能让我们保底不赔吧？

毕业后，我们便真的把这个店开了起来。

这个时候才发现，事情根本与我们想象的不一样。这边虽然租金是低一些，但是真要装好一个门面也得花不少钱，然后是小地方人才匮乏，我们根本找不到一个合适的化妆师，而当店勉强开张以后又发现，我们这样的愣头青在当地人眼里根本不值得信任，生意极为稀少，亲朋好友即使想帮助……那也总得人家里有人结婚吧！

在那年夏天最热的时候我们张罗着开店，等到那年秋风刚刚带来一丝凉意的时候，我们的店就倒闭了。

折腾了几个月，赔进去不少钱，我跟哥们之间也生了嫌隙。在冬天即将来临的时候，我又离开了家乡，重新出去找工作。又经过几次折腾，才最终做了现在这份工作，然后一直干到了现在。

现在回想起这段经历，只觉得自己当时的幼稚和可笑。

两个没有任何工作经验和社会经验的人，仅凭着自己脑袋里的一点想象便要去开店，失败也是理所当然。当我回过头来，去深入地分析自己当时这样做的动机，却更加让我感到羞赧。毕业以后我没有选择去找一份工作，而是选择自己去开店做个小老板，并不是我有多大的理想抱负，而是因为内心的惶恐！

我害怕！我怕在社会上与那些同期毕业的大学生竞争本就不多的就业岗位，我怕我无法做好一份工作，我害怕遇到一个苛责的上司，我怕我无法在同事中脱颖而出获得升职的机会……

正是因为有着这样的惶恐，所以我才选择去开店，去逃避开残酷的竞争，逃避巨大的生存压力，想投机取巧，过得安逸舒适一些！

因为自己有过这样的经历，所以我才能或多或少地体会到那些在公司待不了多久便离开的新人们的内心。也许并不是每个人都像当年的我那样，缺乏去社会上竞争的勇气和信心，但大家或多或少也都有着自己的问题，所谓为了追逐梦想大部分情况下是给自己找的借口罢了。

梦想是什么呢？

梦想是值得为之耗尽全力去奋斗、忍受无数艰难的时刻、做出巨大的牺牲和妥协，经历无数挫折以后，依然不改初心愿意去努力实现的内心之中的一种执念和信仰。这才是真正的梦想，如果在工作上遇到一点点的挫折，有一些不符合自己心意的地方，便选择放弃，那跟梦想有什么关系呢？

梦想没有那么廉价，也不是我们用来逃避现实的借口。当我们在打着梦想的旗号去做或者放弃去做一件事情的时候，扪心自问一下，自己是不是正在向着一个更加轻松的方向前进呢？

曾经有一个女孩子，在离职的时候告诉我们，这不是她想要过的生活。我们问她梦想中的生活应该是什么样子。她说，她想在一个安静的小镇居住，经常去旅行，结识一些流浪的歌者、民间的手工艺人……

这样的生活当然很美好，我也无法去反驳一个追求纯美自然生活的女孩子。可是我很想告诉她，要实现她这样的梦想，首先要有着极为丰富的物质基础，不再为生活而发愁，在巨大的财富支撑下才能实现。极简、纯美、自然这些清新美好的词汇背后，恰恰需要无数的艰辛和汗水来实现。

假如这个女孩子是一个富二代自然另当别论，不过也许富二代的话，也不会将这样依靠花点钱便能实现的生活视作梦想了。

梦想还是要有的，万一实现了呢？这句话应该不是马云说的，却最多地被套用在马云的成功事迹上。

所有的人都羡慕马云今日的成就，今天的马云被尊为神话，随便说句话都被创业青年们奉为金科玉律。可想象一下，假如当年马云满世界跑着给人介绍电子商务，被人斥责为骗子、拒之门外的时候，也觉得"这不是我想要的生活"，又怎么可能有今日的阿里帝国！

梦想从来都不应该是一个轻松的词汇，而今日你所面临的苦难正是通往未来梦想的必经之路。倘若心中真有梦想，那就别怕前路的艰险，只有走过去，才有机会抵达梦想的终点。那些半路逃避的人，连谈梦想的资格都没有。

我无意批判那些在刚开始有过犹豫和逃避的人，毕竟我们都还年轻，总还有重新来过的机会。有时候只有撞过南墙，才能找到正确的方向。

只是希望我们都能真正明白自己内心所想，知道自己想要什么，最后终能成为自己想要的样子。

接受生活的改变，适应自己当下的角色

又到了夏天，每天下班以后出了地铁往家走的这一段路上，会经过一长串的烧烤店。

每家店都把桌椅摆在外面，烧烤架上放着滋滋流油的大腰子，桌上摆着毛豆、花生、田螺、扎啤，桌边坐着浑身油汗的光膀子金链大汉。每次看到这样的场面我都觉得无比亲切，琢磨着是不是也该晚上出来吃几个串儿，喝上几杯。

然而这个想法在这个夏天却迟迟未能实现。因为很难找到能够能一起守着烧烤摊喝到深夜的朋友了。

以前不是这样的。

前几年只要到了夏天，只要招呼一声，就能聚集起一大帮人一起去喝到深夜。即使是各自散落在一座城市的不同角落，只要有人发起饭局召集令，哪怕需要跨越大半个城市，也都会赶去赴约。一般喝完以后就是大半夜了，然后离谁家近就去谁家，一堆人一直打扑克到天亮，之后便各自红着眼睛打车去上班，只留下一地的烟头。

直到有一年，就像是量变终于引发质变，突然身边的朋友们一个个地开始结婚。

那年夏天的记忆不再是午夜烧烤摊的大腰子和扎啤，而是奔波各地去参加一个个的婚礼。那年我爆发了严重的财政危机，以至于到后来一看到有老朋友打过电话来，心里就一哆嗦，觉得是不是又通知去参加婚礼的。

能够叫出来一起喝酒的人越来越少，有的人即使过来了，吃到一半的时候接一通电话，然后就苦着脸匆匆离去。到后来我们便不再愿意叫已经结婚的人一起出来玩，可是这样一来，就没几个人可聚了。于是这些饭局便慢慢减少，大家难得见上一面。

有一次好不容易聚齐了四个人，那个时候已经是秋天，不适合在外面吃烤串，就去了我家里。因为难得聚在一起，大家兴致都很不错，四个大男人买了一大堆菜回来，各展厨艺，荤素齐全，汤菜俱备，开了一瓶红酒，一瓶白酒，摆足了要大喝一场不醉不休的架势。

结果等到真正坐下来，气氛完全变了。

其中两个家伙拿着手机给大家各种展示自家女儿的萌照，接着两个人又互相交流起育儿经来。从婴儿口欲期注意事项到用什么牌子的纸尿裤、喝什么牌子的奶粉，以及给自己老婆炖鲫鱼汤还是猪蹄汤下奶，两人交流得十分深入。

我和另一个单身的朋友只能傻乎乎地在一旁听着，不时对着他们递过来的手机上的小孩照片点头称赞一番。

期间有一个朋友的老婆打来电话，那家伙满脸堆笑地接起，电话那头传出来婴儿含混不清的咿呀，那家伙也对着手机又哼又叫，咿咿呀呀，一脸幸福和满足。

时间真是够狠的，把当年洒脱不羁的轻狂少年，变成了如今满脸慈祥的居家好男人。

记得以前跟同事聊天，他说："最终男人们还是会败给女人们，被收拾得服服帖帖。"

当初我还颇不以为然，后来观察我身边的朋友们，发现还真是这样。

单身的时候，男人们动不动就聚在一起，地上铺点泡沫垫就能打地铺，然后一起抽烟、喝酒、打牌，胡作非为。结婚以后，进门规规矩矩换拖鞋，换居家服，坐在沙发上的时候也要身子笔挺，小心翼翼，以免压皱了沙发垫。出门的时候也被老婆收拾得整整齐齐、干干净净，哪敢蓬头垢面就乱跑。

当然，所谓的男人们最终败给女人们，不过是一句戏言。现实中当然并非谁败给谁，或者谁操控谁。只是随着时间的推移，生活的变化,我们都要适应当下的角色罢了。

在单身的时候我们扮演着年少轻狂,在有了家庭以后,我们要扮演着成熟可靠。我们要承认这种变化的发生,并且接受自己当下的样子。

这并不是说人到了适婚的年龄就要结婚,到了生育的年龄就应该有个小孩。而是说,我们都要为自己的选择担负起责任,并且为之努力。

如果你选择了踏入婚姻生活,那么作为家庭的一分子,你的身份就不只是你自己,你还是你妻子的丈夫、你孩子的父亲,你就要拼尽努力让自己无愧于现在的身份,照顾好你的家庭。

而即使你选择单身一个人,也同样无法摆脱时间带给你的身份的变化。

尽管你不去为人夫、为人父,但每个人都是为人子的。父母总有老去的那一天,你必须成长到能够有能力支撑起自己的生活,有能力去照顾老人,应付一些生活中的意外事件。

不管我们有多不愿意,生活总是在向前走。我们唯一能做的,就是跟上生活变化的节奏,把握好自己的当下。

你的孤独,终有回响

随着早晚高峰地铁里人流的日渐减少,年关也终于逼近。

虽说公历新年时大家已经热热闹闹的跨过一次年,做过各种年终总结、新年展望,电视上也举办过各种跨年晚会,但是对于华人来说,只有旧历的"年"才算是真正的过年。

在早高峰时段的六号线十里堡站,候车的人群稀稀疏疏,我好整以暇地上车,挑了个好位置站定,戴上耳机听着音乐。

这要是在往日,完全属于不可能事件,每一次上车都是一场战役,车门打开那一刻,大家都化身重骑兵一般开始冲锋,只要冲进车门就算胜利。就算这样,往往还有大半人会被拒之门外。

所以能够好整以暇地挑选一个地方站着,这竟然让我产生了一丝莫名的幸福感,觉得这才应该是一个城市正常的生活节奏。而这一天,北京的大部分公司都还没有放假,再过两天的北京城,又该是什么样子?

到了公司以后，大家帮着发行部填年终大促的快递单，一伙人围着会议桌，每人手边都是一大摞的快递单子。大家嘻嘻哈哈的样子，倒有几分年终座谈的感觉。下午收拾办公室，预先把春联贴上，之后节前最后一个工作日便正式结束，所有人互道着再见，各自离去。

　　明天，这些朝夕相处的人就要各自奔向天南地北，回去各自的家乡。原来，我们一直并不属于这座城市。

　　尽管我们已经习惯了这座城市的雾霾和拥挤，习惯了匆忙的节奏、逼仄的住房，把大把的青春留在了这里，可我们仍旧不属于这个城市。

　　而家乡，在大部分的时间里，只是一个遥远而模糊的概念，只有每年的这个时候，这个概念才变得清晰而具体起来。我们背上行囊，逃离这城市的拥挤，却陷入路上的拥挤之中，奔向千里之外的家乡，度过一个短暂而并不轻松的假期之后再挤回这座城市里。

　　我突然意识到，我们这些人，既不属于这座城市，事实上也并不属于家乡。

　　家乡，已经被我们疏离了太久。

　　我们早就抛弃了家乡的一些生活习惯，抛弃了原来的思维模式，在回到家乡的时候，乍一开始的亲切感结束以后，很快就会发现自己早已与家乡的一切格格不入。

我们假模假式地跟家乡的人寒暄着，带着抵触和应付的心态敷衍着七大姑八大姨的关心，硬挤出笑容进行着心里觉得无所谓的应酬。我们匆匆忙忙过完年，然后拖着一身疲惫挤回北京，然后慢慢才能恢复元气，重新调整好节奏，继续匆匆忙忙地奋斗在这座城市里。

这样一想，我突然感到分外孤独。

再过几天就是除夕，想必那个时候的北京，才是真正属于这里的原住民的北京。只是，那时候的北京，还是他们的那个北京吗？

想象下长安街上没有了拥挤的车流，地铁带着十几节空车厢呼啸而过，那该是怎样的景象？

怕是这座城市也会感到孤独吧！

2011年的时候，我刚从学校毕业，在家乡瞎折腾半年没有什么结果，最终还是去了太原打工。那一年冬天临近年关，我租房的那个大院里，租户都早早回家过年，偌大的院子只剩下我一个人还没走。

当时是在太原的城中村租房，还没有实行集体供暖，是房东自己烧锅炉进行供暖。一到冬天，整个村子便笼罩在一片煤渣粉尘之中，空气中飘荡着煤硫烟的味道，出去走一圈，鼻孔里全是黑的。大部分租户离开以后，房东烧锅炉就有些漫不经心起来。我住在一楼朝北的一间房里，终日见不到太阳，顿时阴冷潮湿起来。

在过年前的最后一个周末下午，我坐在昏暗潮湿的房间里，身上裹着被子御寒，开着电脑看《人在囧途》。徐峥和王宝强一路折腾，大年夜在荒野之中度过，但最终各自回到了家中，路上虽然波折但结果却没有意外。这样一部笑料十足的电影，我却看得鼻子发酸，心中的情绪再也抑制不住。

在那一刻我无比的想家。后来继续在外跌打滚爬，从太原一直辗转到北京，终于将自己磨砺得不再那么感性脆弱。只是偶尔站在高楼的窗前，看着这车流不息的巨大都市，却依旧会感到孤独。

这城市愈大，便愈加觉得自身的微不足道，便如一张纸片飘飞在风中。万家灯火，可曾有一盏为你而亮，广厦万间，却不拥有立锥之地，人潮汹涌，是否有一人属心于你？

我知道还有很多人与我一样，为了能够留在这座城市而拼命奋斗着，不愿意妥协也没有退路。我们心里都清楚，家乡已经回不去了，只有单枪匹马在这里杀出一条血路来。

我知道你与我一样，此时正处在一个青黄不接的尴尬境地。工作几年，摸索出了一些经验，但还没能拿到顶级的薪酬，却要面对日渐沉重的压力。身边的同龄人总是漫不经心，你同他们聊起事业和未来，他们总说自己还年轻，再玩几年呗，并且会半笑半劝你别把自己搞得太狼狈。

你我都心里清楚，即使是同样的年龄、相同的工作，我们也无法过着和他们相同的人生。他们无须担心每个月的房租水电，不用发愁如何去安慰同样被父母催逼的女友。他们的父辈们有的已经在这座城市创下一席之地；有的只是来这里折腾几年，最终要回到家乡城市，进入父母安排好的事业单位过着安逸的生活。

如果可以，谁都不愿意经历苦难。苦难本身没什么好值得歌颂和赞美的，不过是身在局中，不得已而为之罢了。

我也经常会想着，如果我能有着更好一些的家世，我也愿意去过着更加精彩和轻松的人生。但是既然这些已经无法选择，自己也并非才姿顶级出众，那便只有依靠着自己，一步步走出属于自己的路来。

这条路注定要经历孤独，因为你必须背离家乡，去孤身奋战、攻城略地。

家乡的美好，也许只能停留在记忆中和自己的想象里。每当我感到工作累了，在休息的片刻中总喜欢站在窗前，目光穿过林立的楼群，望向这城市的远方。

尤其是在冬日的下午，略微泛黄的落日余晖经过高楼外墙玻璃的层层反射，最终落入我的眼中。这时候，我总想起站在家乡的小山坡上看着太阳从对面山头上落下的情景来。心中想着,等到过年回家,一定要站在那里再去看一次落日。

但当真正回到家乡,就会发现记忆出现了偏差,现实中的家乡跟记忆之中的全然不同。就像鲁迅描写的那样:"苍黄的天底下,远近横着几个萧索的荒村,没有一些活气。"

记忆中的家乡总是美好的,只要想到"家乡"两个字,心中便充满无数欢欣,但真正要说出它的美好时,才发现自己的词穷。最后悲伤地发现,其实家乡本来就是自己现在看到的这个样子。

我们确确实实疏离了家乡,但却从不曾忘记家乡。

我有时候会觉得,家乡对于我的意义,大概就像是曾经世界上最后那只平塔岛象龟"孤独的乔治"的水坑一样。即使在死亡后,它的头也向着自己家乡所在岛屿上它自己栖身的水坑的方向。

我们都明白,无论经历着怎样的孤独,都只能前行。而我始终相信,这孤独,终有回响。

也许并不是努力了就会取得我想要的结果,也许还要继续在这座城市奔波打拼下去,但你的努力绝不会是徒劳无功。

愿我,愿我们,终究成为自己想要的样子。

与生命中，最深处的自己勇敢相遇

归根到底，是因为我们心底还怀揣着梦想，还想着会有奇迹发生，终究能够在这座城市打拼下自己的一席之地。那么，更应该拥有一颗勇往直前的心。

与这个世界和解，但不妥协

网上有个段子叫：理想很丰满，现实很骨感。

虽然是一句俏皮话，却也准确地表达了许多年轻人的现状。小时候天天盼望自己快快长大，那样就可以做自己想做的事情，随便地花钱，不用担心找小伙伴玩被骂，还可以骑摩托车，谈恋爱。

那时候觉得长大真是一件很美好的事情，于是迫不及待地在十六七岁的时候，就刻意做出一副已经成熟起来的样子。学着大人说话的口气，学会了抽烟喝酒，把一些情绪刻意放大，以使得自己看起来深刻一点。

那时候觉得成年人好强大，没有烦恼，没有解决不了的事情。对那些大人们诸如"小时候是人最快乐的时候"这样的话嗤之以鼻，认为这是大人在小孩面前秀优越感的另一种方式——类似于一个身材高挑面容姣好的美女在朋友圈发张自拍，配着文字："哎呀，又长胖了呢！"

人其实在真正踏入社会、独立生存之前都是小孩子。尽管我们在上大学的时候，都已经是成年人的年龄，但其实还是小孩的心态。

上大学的时候对毕业以后自己的人生轨迹有过各种幻想。那时候觉得自己几年以后应该已经是事业有成，出入各种高档场合，结识一些高端人士，有一个漂亮的女朋友……

记得第一次去人才市场的时候，看着摩肩接踵的人群才感到一阵的心虚。那些一脸焦虑的求职者认真地看着每一个窗口的招聘信息，然后排队等候投递简历的机会，接受着招聘者的询问。有时候失望地离开，有时候则是带着一半喜悦、一半忐忑的心情得到一个面试机会。

当我看到那些已经人到中年，头上开始谢顶的男人们依旧挎着一个老旧的公文包辛苦地到处投简历的时候，心中颇不是滋味。人到中年，是正当鼎盛的年龄。理论上说，事业应该达到最高峰，在家庭中也是要肩负上老下小的顶梁柱，他们却依旧需要为了一份工作艰难奔走。

然而人生际遇无定，我又岂能知道自己多年以后会是什么样子呢？

我在一个山里的小县城读的高中，那个地方是全国有名的贫困县。越是贫穷落后的地方，机会就越发不均等。

我有个哥们曾经总结过，说这个县城的人，嘴皮子能说的人把嘴唇都说肿了凸起来；而那些矜持的人，恨不得把嘴巴凹成一个坑。

之所以这么说，是因为在这座小城，只要是一个政府机关、事业单位上班的人，就会觉得自己高人一等。去找这类人办事往往给尽你冷眼，要得到他们的回应异常艰难。而那些底层的人群为了讨生活，则不得不练就一副好嘴皮子，逢人说人话，见鬼说鬼话，才能生存下去。

贫穷孕育的从来不是善良和淳朴，而是险恶和黑暗。

这座小城的暴力事件不断，各种混混团体、暴力团伙泛滥。而即使是那些普通的商贩，也大部分都称不上是诚实守信。那些商贩缺斤短两、以次充好是家常便饭，消费者被坑了只能说你自己招子没放亮，自认倒霉，下次注意点是唯一的办法。如果你想去找这些商贩理论，他们立刻就换一副嘴脸，一声招呼，围过来一群混混。

这里的人们提得最多的两个字是"关系"。

熟人之间互相打招呼，说的最多的是，"遇到事情来找我，咱这方面有关系！"这关系有的是说白道的关系，有的是黑道的关系。

上学的时候，班里明显分为两个阶层，一个阶层的父母是上班族,而另一个阶层的父母是普通的农民或者做小生意的。

是的,上班族。这座贫困的小城,除了政府机关和事业单位,根本没有任何私企或者工厂可以提供工作机会。所以上班的人天然形成一个阶层,也就是人们说的"吃公家饭的"。

而这部分人之间又往往有着错综复杂的关系,往往一家子都是在一个系统中上班,形成一个巨大的关系网。未来这些家庭的子弟,也会在自己父辈就职的单位继续上班,形成一种特殊的垄断和世袭的关系。

两年前回去参加一个同学聚会,发现当年那些家里有关系的同学,果然都回到了这座县城,进了相应的系统上班。我知道自己未来绝不会在这座家乡小城工作或者生活。

这并非我不爱自己的家乡,虽然这座小城有种种不尽如人意的地方,但也有许多值得怀念的地方。那些家乡小吃和熟悉的街道,会伴随我一生的记忆。真正让我要离开这里的原因是,因我家里没有任何的关系。在这里我要生存下去要比外面的世界更加艰难,机会更少。

尽管真正在外面摸爬滚打几年以后,明白即使在大城市,同样存在着种种的不公平,同样需要各种各样的"关系"。但至少那些没有任何"关系",出身普通的人同样拥有机会,可以通过自己的努力和奋斗来改变命运。

以前也曾和别人讨论过是继续北漂还是回家乡这样的问题,

但事实上这对于我来说是一个伪命题。在北京我尚且能够找到一份让自己生存下去的工作，然而回到家乡，我连糊口都是问题。

从某种程度上来说，我挺羡慕那些有家乡可以回去的人。

"回不去的是故乡，到不了的是远方。"其实有时候，故乡比远方更远。

如今终于长大成人，能够在外面独立生存，花钱、交朋友、谈恋爱再不会有人干涉，却没有小时候想象的那样快乐。原来长大也并不是无所不能，成人的世界只会有更多的无奈和烦恼，有更多无可奈何的事情。才明白那时候大人们说小孩子是最快乐的并不是站着说话不腰疼，而是他们只能"站着"，即使"腰疼"也只能坚持下去，所以才羡慕小孩子的单纯快乐。

我们都是这个大时代的小人物，都被生活的洪流裹挟着，无法知道自己明天的样子，在为了生存而努力奋斗着。

韩寒有句歌词：生活总是这样子，不如诗，转身撞到现实，又能如何，他却依然对现实放肆。

生活总是这样，有很多我们无能为力的事，一点都不柔美如诗，但那又如何呢？既然现实已经如此，我们也没有时光机可以回到过去，也不会人人都中彩票改变命运，那就接受现实，在现实面前放手一搏，拼命去冲刺。

与这个世界和解,接纳自己的不完美,接受自己是个平凡人的设定,也要接受生活是没那么简单的设定。

但是不要跟这个世界妥协,不要抱怨,不必灰心,无论在怎样的境遇下,都要保持一颗永不言败的心,坚持一直向前走。

在你找不到方向的时候,不要停在原地,停滞不前只会让你更加迷茫,而是行动起来向前走,当你走过一段以后,就会发现已经自然地明白了自己该走的路。

我不知道向前走能走到哪里,但我知道,只有往前走,我才能走得更远。

既然选择了开始,那就拼命让自己留在场上

有一次在一个行业交流群里聊天,大家都是在北京工作的,说着说着话题就转移到北漂上了。

说到北漂,每个人都是感慨良多。有的人大学就是在北京上的,毕业了一直留在这里;有的人是毕业后怀揣着梦想来到这里;也有像我这样,工作几年后才半路跑来北漂。

有的人出来早,运气不错,这几年混得挺好已经在北京置业,算是扎下了根;有的人事业已经有了起色,未来无限光明,这座城市已经在向他招手;更多的人,却是依然在苦苦打拼,前路艰难,未来遥不可及。

当时群里有个小伙说:"对于能够留在北京,我是没有什么奢望,也没想过能留下来。在这里赚几年钱,过几年就回到家乡去买一套房子,随便找份工作过安稳日子吧。"

这句话一出,群里很多人响应,都表示想要留在这里实在是

太不现实了，还是过几年回三线城市的家乡置业成家吧。

　　北京的高房价大概是扎在每一个北漂人心中的一根刺。房子、户口，这些就是一道门槛，跨过去，就是完全不同的另外一个世界，跨不过去，则连入场的资格都没有。看看每天早晚高峰的地铁，就知道有多少人在挤破头想要扎进这座城市里。

　　地铁里的状况，其实是这个城市的缩影。

　　以前我从来没有想过自己会加入北漂大军，也想不通为什么人们非得往这座城市里挤。当时觉得，城市再大，自己每天活动的也无非是那么一小块区域，在小城市不用每天面对那么拥挤的交通，不用摇号也可以买车，房价没那么离谱，如果想见识一下大城市的繁华，每年去个几趟也就是了，何必非得要留在那里呢？

　　当我置身其中的时候，明白了这座城市为何有着如此大的魔力。这里汇聚着全国最顶级的企业和人才，拥有着最好的教育资源、医疗资源、政治资源。对于个人来说，这里有着最多的实现梦想的机会。

　　就像有个朋友说，如果把世界五百强企业和那些名牌大学多搬几个到他家那边去，他打死也不会来北漂。

　　这里是梦开始的地方，也是梦破碎的地方。所以看到群里大家说打算在这里混几年，最后还是要回到家乡去置业成家，我心里还是觉得挺不是滋味的。

倒不是说回到家乡有什么不好，但是既然此时此刻我们还身在这里，就说明我们对于北京、对于外面的世界、对于梦想，是有企图的，是想要拼一把的。那么为何要在开始的时候，自己就先把梦想放弃了呢？如果在这里打拼的目的是为了过几年再回去，那何不现在就回去呢？

归根到底，是因为我们心底还怀着梦想，还想着会有奇迹发生，终究能够在这座城市打拼下自己的一席之地。那么，更应该拥有一颗勇往直前的心。

无论选择留在这里，还是离开这里，我都希望是为了能够追求自己心中的梦想而做出的选择，而不是跟现实妥协之后的将就凑合。也许我终究有一天会离开这座城市，但我希望离开的时候是因为有了更好的选择，别的地方能更好地实现我的人生价值。

我不想让自己的梦想还没开始就选择了放弃，未曾尝试就败给自己，然后龟缩回家乡的小城市，过着重复乏味的人生。将勇气和信心消磨殆尽，任由啤酒肚滋生，变成一个乏味世故的中年人，然后慢慢老去。

我认识一个朋友在北京工作几年了，工作也算顺当，在行业内无论去哪儿都能算工作骨干。有一次他工作跳槽面临两个选择，一个是一家大企业，平台更大，拥有更多的发展空间，另一个是一家小企业，去了很难再提升自己，但是工资开得更高。我问他选择哪家？

他说："选工资高的吧，反正我就是趁着现在捞点钱，过两年就回老家去。"

我当时就不知道该说什么好，毕竟人各有志，我也无法说他的选择就是错的。但是至少，他选择抛弃了一种可能性。

梦想之所以吸引人就在于其可能性，在一切尘埃落定之前，什么都可能发生。如果真的努力去拼搏了，谁敢说没有机会呢？但是如果在面临选择的时候，自己抛弃了这份可能性，那自然机会要渺茫许多。

当然，不是只要敢去想、敢去做就一定会成功，还是会有人被淘汰出局，但请你至少像个英雄一样，倒在征途上，不要还没有出发就放弃了。能够走到最后的才是赢家，我们要做的，就是让自己成为那个走到最后的人。

曾经在一个饭局上遇到一个行业前辈，他感慨道，当年一起做这行的那些风光一时的大人物，不少都中途出局，反倒是那些当时不显山露水的，现在不少已经成为了行业内最顶级的人。

他说："其实等到自己做到现在这个地步，回头看也没什么，无非是坚持二字，拼命让自己不要出局，等到别人都坚持不住离开了，那些留下来的就是成功者。"

为什么我们听到的都是那些经过奋斗最后终于得到自己想要的励志故事呢？因为我们只关注留在最后的人。现实当然很残酷，没有那么多的温情和励志，但无论如何，还是要出发，既然选择了开始，那就拼命让自己留在场上。

做事总是差不多，关键时刻差一点

在过去的工作中，我总是喜欢说一句"差不多得了""差不多就这样吧"，一些方案、产品策划就在这种"做得不是很完美，但是基本也能说得过去"的层次中，稀里糊涂地就提交通过了。最后也可能取得一些不差的成绩，偶尔还会有一些小亮点。

我也为此沾沾自喜，觉得自己花费六分的力气，就可以取得一个八分的成绩，何必过于拼命呢？直到最近在工作上接连出现问题，许多产品的策划总是流于表面，最后得到的结果也是难以让人满意，而我自己也陷入了极大的迷茫之中。

一时间觉得自己以往的工作方法全部不再适用，不知道接下来的工作方向。

然后领导找我谈话，一针见血地指出我现在的问题所在。领导说，你这就属于平时做事总是差不多，关键时刻就差一点。

正是因为我平时在做事的时候，总是不能更高标准、更严格地要求自己,这才导致我的工作能力停滞不前,工作态度日趋松懈。在工作内容向前推进对我提出更高标准的要求之后,就会显得捉襟见肘,无法胜任。

这世上没有无缘无故的成功,每一份成果都是要靠自己的努力争取,而非依靠侥幸得来。如果没有认真的付出,必然不会得到满意的结果。在做事的时候投入多一些,进行反复的推敲和打磨,甚至可能需要将原来的方案推翻重来,这样虽然过程可能会感到很痛苦,经历很多的折磨,但是结果可能会快乐甘甜一些。

成功没有侥幸。

也许很多人觉得自己没有获得成功不过是时运不济,没有赶上好的机遇,或者遭遇了一些偶然的变故,这才最终功败垂成。那么事实是不是这样呢?我们往往只看到了成功者取得成功这一结果,而忽视了成功者背后的付出。

同样的一件事情,有的人经过周密的谋划和计算,经过反复的假设和论证,将所有可能遇到的影响因素都考虑在内,然后才去做这件事,最终顺顺当当地取得了成功。而有的人在面临同样事情的时候,并不进行深入研究,而是根据自己的一些主观判断,就轻易地去做这件事情,结果可能是成功也可能是失败。

前者跟后者的差别之处在于,如果在做这件事情的过程中没有任何意外情况发生,那么两者都有可能取得成功,而在这一过程中有任何意外影响元素的出现，那么只有经过充分准备的前者才能取得成功。

这就是成功者和失败者"差一点"的秘密所在。

表面上，两者只是差一点，事实上，那些所谓离成功只差一步的人，本质上是，他们的计划超出了他们的可控制范围，因而未能实现预期的既定目标。

对于成功者来说，整件事情的过程是可预见和控制的，而对于失败者则依赖于运气的垂青，如果有意外发生，就会错失成功。

你用什么样的态度去做事，就会收到什么样的回报，那些看似偶然的失利，其实都有着必然的因素在里面，想要真正获得成功，必须抓住每一个细节，狮子搏兔，尚用全力，这样才不会在关键时刻功败垂成。

宁可多花一些苦功夫、笨功夫去做事，也不要对自己放松要求，觉得差不多就行了。

在自己放弃之前,没有人可以打败你

2011年,我从大学毕业,当时并没有像大部分人一样去找工作,而是选择了回老家跟朋友合伙开店。

那时候自己觉得这是在创业,哪怕只是在一个小地方开一个小店,但谁敢保证以后不能做大呢?乔布斯也只是在自己家的车库里就创办了苹果公司。

现在回想起来,那时候完全就是胡闹。选择回老家开店,也并不是如当时自己想的那样雄心万丈,事实上更多的是逃避自己内心的惶恐。

我内心的惶恐来源于对自己的不自信。那时候我天天逃课打游戏,考试经常挂科,就这样稀里糊涂混到毕业的时候,才发现自己什么都没有学会。当别人忙着到处投简历、约面试的时候,我才着急起来。但当时我已经彻底对自己失去了信心,甚至连尝试一下的勇气都没有。

其实当时面临的情况也没有我想象中那样糟糕，只要多投几份简历、多面试几家，要找到一份工作还是可以的。但我害怕面临进入职场以后的竞争，害怕为了生活辛苦奔走，害怕艰难漫长的奋斗历程，幻想着能够有一条通往成功的捷径，轻松地过上自己想要的生活。

所以那时候自己所谓的创业，是一场投机取巧，是对现实的逃避。

于是我头脑一热，拿着家里的钱，找了一个同样刚大学毕业的朋友，就在老家那个小地方开了一家婚纱摄影店。

开店的时候遇到了许多问题，找门脸、装修、买设备、招人……但是这些毕竟都是花钱的事情，花钱谁不会啊？我和朋友满怀热情地四处奔走，终于把店开了起来。

但是我们终于遇到了解决不了的问题，那就是找不到一个合适的化妆师。我们老家那个小地方本来就缺少做这行的，除了那些全国连锁的大型影楼，那些小店一般都是夫妻作坊，丈夫做摄影师，妻子做化妆师。我们两个刚毕业的毛头小子，根本找不到一个愿意来我们店里的姑娘。

于是店面装修好了，设备也置办齐全了，却没办法开门营业。我们每天无所事事，到处晃荡。

就是在那时候，我认识了飞飞。

飞飞全名叫张栋飞，跟我同岁，大家都叫他飞飞，我也叫他飞飞。他在距离我的店不远处开了一家汽车钣金喷漆修理店。

大家都是同龄人，再加上地方就那么大，我们很快就熟络了起来。店里没有生意的那段时间，我没事做就跑去飞飞的修理店，看着他用锤子把那些撞得面目全非的汽车铁皮一点点敲回来，大致恢复到本来的样子，然后打上腻子，打磨平滑以后推进喷漆房里喷漆。等从喷漆房出来的时候，那些汽车便重新变得光鲜亮泽，一点都看不出来撞过的痕迹。

飞飞的修理店前面经常停着各种各样的事故车，有从山上滚下去的，有撞在电线杆上的，有两辆车撞一起的，也有那种只是小剐小蹭的。这里完全可以当作司机安全驾驶教育基地，全是现成的警示案例。

大部分车是车主找人拖过来找飞飞修理的，也有一部分是飞飞自己买下来，修好之后转手卖的。虽然年龄不大，但飞飞是那一带最有名的汽车钣金修理师，他初中毕业以后就去太原学修车，现在已经是地地道道的大师傅了。

飞飞自己有一辆旧桑塔纳，就是那种最老的老普桑，平时用来当作服务车用，有谁的车在路上抛锚了或者出事故了，就给飞飞打电话，飞飞就开着他的老普桑前去接应。我那时候喜欢去找飞飞玩，有一部分原因是经常能够跟着飞飞开着旧普桑上路。

大概年轻人都渴望在路上的感觉。

那时候我们开着旧普桑到处乱跑,有时候是去路上救援抛锚的故障车,有时候则是去拖回已经撞得稀烂的事故车。而在没有生意的时候,我们也会开车上路,曾经驱车几十公里去山里面摘梨吃,也曾在兴致来了的时候开车去隔了一条黄河的陕西省佳县县城里吃羊肉面。

那时候我们也经常一起搭伙吃饭,偶尔一起喝点小酒。有一次我们坐一起喝酒聊天,喝多了以后飞飞跟我说:"真羡慕你啊,能够有这样好的条件,但你小子也太不珍惜了,跑回来咱们这小地方做什么?这地方你根本待不住。"

当时我颇不以为然,觉得我能有什么好条件啊?出身农村家庭,家境一般,读的大学一般,我还经常觉得自己条件差呢!

等到混熟了的时候,我也知道了飞飞的一些事情。

在飞飞小学三年级的时候,他的父亲就意外去世了,留下三个未成人的孩子和他们的母亲。三个孩子都是男孩,飞飞是老二。一个女人要带着三个幼小的孩子,生活的艰难可想而知。飞飞他们三兄弟都是上完初中以后就去外面打工。

飞飞初中毕业以后就到了太原,在小马那边的汽修店学修车。在同龄人还在校园里为赋新词强说愁的时候,飞飞已经不得不为了生活而奔走拼搏。

刚进入汽修厂的时候，飞飞是学徒的身份，学徒没有工资，只是厂里面管着住宿和吃饭。住宿是厂里提供的集体宿舍，十几个人住在一间房里，房里除了高低铺以外还堆满了各种汽车配件，常年散发着一股浓烈的机油味。

刚开始的时候，飞飞不仅要经常忍受大师傅的责骂，还要被那些一起在厂里当学徒的少年们欺负。

夏天的时候塑钢搭建的厂房里热得像蒸笼，而在冬天的时候则冷得像冰窖。就在这样的环境下，飞飞慢慢从没有工资的学徒熬到了可以领工资的小工，然后逐步成为了大师傅。等有了一定的积累以后，飞飞就回老家开了这家钣金喷漆修理店。

飞飞选择回老家开店，也是为了能够离家近一点，方便照顾自己的母亲。

知道这些以后我才明白为什么飞飞会觉得我的条件好。与他比起来我的条件真的是要好上许多。

我一直生活在父母的荫庇之下，从来没有真正为了生活而发愁过，无非是有时候预算超支，花过头了，又不敢跟父母开口，才会过得紧巴一点。甚至我毕业以后回老家开店，用的也全是家里的钱。无论我做什么事情，家里都是我最坚强的后盾，和最后的退路。

而对于飞飞来说，这一切却全部都是奢望。从十几岁开始，就得作为一个独立的个体，为了自己的生存而奋斗，在同龄人刚刚踏入社会的时候，他已经成为家里的支柱。

《了不起的盖茨比》里有一句话：当你想要批评别人的时候，要记住，这世上并不是所有人都有你拥有的那些优势。

大部分人并不曾意识到，或者并不曾觉得自己比别人多拥有些什么样的优势，每个人都觉得命运不够好，人人恨不得都有王思聪那样的出身。可是只要换个角度，就会知道自己依然要比世界上很多的人要幸运许多。

出生在北京、上海、广州、深圳这些地方的人，从出生那一刻起所拥有的，也许就是另外一个小地方出生的人穷其一生所追求的东西。无数人挤破头北漂，所追求的不过是能成为这座城市的一员。

那些出生在城市的人，要比那些出生在农村的人在教育资源、医疗资源这些地方拥有更多优势。而即使是作为一个最普通的人，至少我们拥有健康的体魄、完整的家庭。

其实在开店的过程中，我也逐渐意识到了自己当初的鲁莽和幼稚。只是已经大张旗鼓地把店开了起来，也花了家里不少钱，那就只有硬着头皮把店经营下去。后来，遇到的问题越来越多，店始终无法正常运转，我和那个合伙的哥们也渐渐因为经营上的一些分歧经常发生争吵。

到那年秋天的时候，我们的店已经无法维持下去，最后只能选择倒闭。这也更加证明了我的所谓创业不过是一场闹剧。

飞飞开着他的老普桑帮我把行李运回家。我那时候情绪非常低落，一方面觉得对不起家里人，另一方面更是对自己产生了深深的怀疑，觉得自己无论做任何事情都无法做好。

在去我家的路上，飞飞跟我说："这点破事算个屁，钱花了就花了，就当是你又上了一次大学交学费了，只不过这钱也不能白花，以后做任何事都长点心，不要轻易去做自己根本不懂的事情。既然要做，那就要先吃透了，开始做以后那就玩命坚持下去。"

我在家待了一个月，帮助家里把地里的庄稼收完，之后就去太原找工作。后来也经历过不少波折，也有过许多艰难的时刻，但幸好，我都坚持了下来。

2012年夏天的时候，有一个周末雨一直下个不停，然后就从新闻上看到了我们老家遭遇洪灾的消息。

新闻画面上，到处都是被冲塌的民房，洪水漫过街道，许多轿车被水冲走，政府大院里支起了帐篷和锅灶来安置那些无家可归的灾民。我突然想起飞飞的钣金喷漆店位置正好是在临河的地方，而且是两条河的河口交汇处。当时心中就有一些不好的预感，连忙拨通了飞飞的手机。

电话的那头,飞飞的声音充满疲惫和无力:"都没了,什么都没了。"

咆哮的洪水将飞飞店面前的地基冲垮,他的烤漆房,包括里面的全部设备,和一辆面包车全部被洪水卷走。我们经常说一个人的心血付诸东流,飞飞这次所有的家底真的是付诸了流水。

灾难总是接踵而来,命运似乎总喜欢玩雪上加霜的游戏。我不知道该如何安慰他,只能对着电话默然无语。

过了半晌,飞飞的声音再次传来:"没了就没了吧,人还在,跌倒了就再爬起来,重头来过呗。"

他的声音依旧充满疲惫,但那一句话却让我明白,他绝不会倒下。那一刻,我想流泪。

"灾难总是接踵而至,这原本就是生活的常态……如果我就此倒下,那证明我也就是不过如此的男人",这是《海贼王》里索隆的台词。

飞飞是我在现实中见过唯一如索隆一般打不垮的汉子。2012年冬天,飞飞的钣金喷漆店重新开了起来。2013年,飞飞结婚,我从太原赶回去参加他的婚礼。新娘很漂亮,那天的飞飞笑得很开心。

我衷心祝福我的朋友飞飞过得好,我想对他说,你真是条响当当的汉子！

你让我明白，人只要活着，一切就都有希望，生命本身就有无限的可能性，我们无法选择出身，无法左右命运，但我们总要有跟命运死磕到底的决心，只要自己不认输，就没有什么能够打败你。

学会对生活进行过滤

我有一个坏习惯,闲得没事干的时候就打开手机通讯录或者QQ,一条一条地翻看自己的联系人。看到陌生的就顺手删掉,看到已经两年不联系,而且也没有继续联系欲望的,也会删掉。

这大概也属于强迫症的一种吧。鼠标一点,或者拿手一划,一段过往就此被切断。有时候会想,自己这样做是不是太过冷漠了?长此以往,会不会把自己变成一个没有过去、没有朋友的孤家寡人?

后来慢慢想明白,当一段关系仅仅只剩下一个并不会联系的联系方式的时候,也到了该结束的时候了。就像微信上经常突然收到的那种测试对方是否删除了自己的群发信息,可见在大家心中,一段关系是何等的脆弱。

记得很久以前看到一个人的微博说:自己打算取消对一个一

直互相关注的人的关注,却一直下不了决心。直到有一天点进对方主页,发现对方早已取消了对自己的关注,不禁心生相惜之感,痛快取关,彼此相忘于江湖。

我见过很多人在被人取消关注以后表现得非常愤怒,就好像是被抛弃的怨妇一般。其实大家关注一个人往往是被他的观点或者言论所吸引,当有一天发现两人其实不在一条道上,取消关注也是很正常的事情,实在没什么大不了的。

两个人意见相左,却还要每天捏着鼻子忍耐着对方出现在自己的主页上,碍于"互相关注"这一点点微薄的交情,不好意思出言反驳,想想都觉得难受。还不如直接取消关注,彼此落个清静。

总有一些人特别信奉"人脉"二字,热衷于建各种群,有时候突然被拉进一个群里,扫一眼,发现除了群主,一个人都不认识,而其他人也是同样茫然,不知道为什么会出现在这里。碍于跟群主的关系,都不好意思退群,于是大家默契地点了屏蔽群消息提示,从此再也不会点开。

还有一种情况是,被拉进一个群以后,大家都认识,就你一个是外来的闯入者,跟大家没有任何的共同语言,只能看着大家不住地刷屏,有时候半夜醒来看一眼手机,还有人在不断地刷着消息,这种也只能选择屏蔽群消息提示。

我以前加着很多这样的群,后来终于不胜其烦,一个个的都退出。没有了那些垃圾信息的干扰以后,瞬间觉得清爽许多。其实我从来不抗拒正常的社交活动，但实在讨厌这种貌合神离、强行牵扯的关系。

无论是因为有业务上的来往还是有着共同的兴趣爱好，大家互相交流，彼此联系，都是很正常的事情。当有一天事业发生变化，观点不再一致，关系渐渐淡去，最后断了联系，也在情理之中，顺其自然就好。

人脉固然重要，但人脉一定是建立在大家彼此之间有某一个契合点的基础上。这个契合点可能是情感上的共鸣、志趣上的相通、事业上的互助等，但绝不是大家都在一个群里这样肤浅的理由。

我跟奥巴马还在同一个地球上呢，这又能代表什么？彼此没有契合点，别说在同一个群里，即使在同一个屋檐下，也不过是熟视无睹，永远不会有什么交集。

与其把时间浪费在这些虚妄的人脉上，不如静下心来，好好提升自己，把自己变成一个发光体，自然会有更多的人靠近你。

要学会给自己做减法，对生活进行过滤，敢于舍弃，舍弃那些没用的旧物、坏的情绪、悲伤的记忆、已经陌路的人。把节省下来的时间用在更加珍重的事物上，好好待眼前人，珍惜当下的好时光，阳光灿烂地活着。

停止抱怨，做一个独立自强的人

记得刚到北京的时候，人生地不熟的。一切都让我感到不安和迷茫，我很想找个人诉说一下，于是每天都在朋友圈刷屏，诉说着自己的近况。

其实大部分也都是一些琐碎的小事情，比如今天连着过去五趟地铁都没能挤上去最终迟到了、这个月工资又不够花、在单位因为自己不懂无意中闹了个笑话……当时的状态也确实很差，每天都焦虑不安，只有不断地在朋友圈中说话，才能稍微缓解一下自己的不安。

刚开始还有朋友们关心几句，后来大家已经习惯了，渐渐回应的人越来越少。有一次情绪特别低落，就在朋友圈发了一条信息，大意就是说自己此时此刻心情很糟糕什么的。

半夜的时候看到一条回复，有个多年的铁哥们说："快拉倒吧，这要是当年，没准还有人默默给你递过去一支烟，跟你推心置腹半天,现在大家都很忙,谁顾得上看你没事发牢骚呢?"

最初看到这条回复的时候,我心里无比的失落。在很长一段时间以后,我则深深体会到事实就是那铁哥们说的那样。

很多人一刷朋友圈、微博、豆瓣,发现到处都是在晒幸福、晒吃、晒美照……总而言之,大家看起来都过得很好。于是心里就会产生一种落差感,觉得只有自己才是过得最苦逼的那一个。

然而事实却并非如此,大家过得都不容易,没有人的成功是理所当然。也并不是只有你一个人感受到艰难,只不过只有你一个人说出来而已。

我有一个高中女同学,大学是在武汉上的,大学毕业以后就直接到了北京开始北漂,现在已经是在北京的第三年了。然而在这三年的时间里,我从来没有见过她在朋友圈或者QQ空间这些地方发过一条诉苦的信息。偶尔在这些社交网站上发一些信息,也都是一些出去旅行或者参加一些商业活动的照片,全部阳光灿烂,让人感觉她的生活永远充斥着正能量。

有一次在微信上聊天,我终于忍不住问她:"北漂这几年,难道你就没有遇到什么困难,或者感到迷茫的时候吗?"

她说:"当然会有啊,怎么可能没有呢。只是无论多难都不会说出来,一个人默默承受罢了。你说出来给谁看呢?谁会在意呢？有什么用呢？无非是让大家看到你不堪的那一面，既然没有用那么我为何说出来呢？"

而且悲伤的情绪是会渲染和蔓延的，当你觉得自己特别苦逼的时候，千万别找人诉苦，而应该告诉自己，我很快乐，努力让自己笑起来，哪怕是皮笑肉不笑。只要肌肉牵动嘴角咧开来笑一笑，那你的情绪就会变得好一点。我每次感到难过的时候就会发一些自己特别快乐的状态，并非是给别人看，而是给自己看。

从那以后，我也开始学习她的方法，每当遇到困难的时候，不再去抱怨，而是让自己笑起来。当我觉得情绪低落，想在朋友圈抱怨的时候，就会想起她的话来，然后默默地把那些负能量的句子删掉，换上一张阳光灿烂的照片，配上轻松快乐的话发出去。

过了一段时间以后，我发现我的心态真的发生了改变，在遇到任何事情的时候不会再轻易去抱怨，而是默默去做好。即使实在觉得难过，也不会说出来，自己一个人静静就好。

当你在抱怨的时候，有的人正在暗暗努力，他们所承受的压力，一点都不会比你少，直到有一天等你猛然惊醒的时候才发现他们已经远远跑在了你的前面。

那些看上去光鲜亮丽的人，只是善于把自己苦逼的一面隐藏起来。你只看到了别人拿着高薪，动不动就来一场说走就走的旅行，穿着名牌出入高档餐厅，但你看不到他们加班到第二天的早上，走出单位大门吃个早饭回家对付几个小时还得回来上班。

有个做广告的朋友跟我说，有一天他难得没有加班，下班后走在大街上觉得特别别扭，不知道有什么地方不对劲，想了很久才明白，原来是因为天还亮着。

朋友说到这些的时候一脸轻松，丝毫没有表现出自己有多苦逼，或者觉得自己有多努力什么的，感觉这就是生活正常的样子。而据我所知，这位朋友每天在加班结束以后，还要坚持写作。开着一个美食专栏，已经跟出版社签了两本书的出版合同，其中一本书已经顺利交稿，正在等待出版中。

不止如此，他的生活也并没有因此而变得暗无天日，经常能够看到他在朋友圈晒出自己做的那些卖相精致让人看一眼就食指大动的美食，隔一段时间，就能看到他正在某个地方旅行的照片。

坦白说，这要是换了我在如此繁重的工作状态下，根本不能像他这样把生活过得充实而富有色彩。而对他来说，这只不过是最平常不过的事情。

似乎大家无形中都形成了这样的共识，只在人前展现自己最好的那一面。这并不是虚伪，只是因为别人没有义务去承担你的那些负面情绪，自己的生活本来已经够艰难的了，没精力也没兴趣给另一个人排忧解难，答疑解惑。而且这也是基本的礼貌，没有人愿意每天都接触一个浑身充满负能量，不停地絮絮叨叨自己生活有多差劲和有多不幸的人。

谁也没有心情去对别人的生活境遇表达自己廉价的同情，而且那些热衷传播负能量的人真的很讨厌。另外很重要的一点是，你向别人展示自己是什么样子，你在别人眼里就是什么样子，久而久之，你自己也会真的变成那个样子的人。

每天抱怨工作有多不顺当的人，会让人觉得你工作能力很差，抱怨自己生活有多糟糕的人，别人会觉得你是一个很糟糕的人；而如果你向别人展示的是你工作精明能干，生活丰富多彩的一面，别人自然会觉得你是一个有能力、有趣味的人。

而你也会被自己的情绪感染，经常抱怨的人，就会陷入事事不顺的泥沼之中；经常展示自己美好一面的人，自然会养成自信的气场，做事越来越顺。

大家都是成年人了，一切自身的行为都应该自己来负责。没有什么人有义务随时随地做你的保姆和心理辅导员。

有些事只能自己默默扛着，没有任何人可以代替。收起那些顾影自怜和自怨自艾，活在当下，不断地向前看，才能在这个残酷的世界生存下去。

趁着一切都来得及，停止抱怨，做一个独立自强的人，成就全新的自己吧。

去做啊，为什么不去做呢

曾经我是一个非常喜欢抱怨的人。

工作看不到前景、生活太过乏味、社会不公平、父母逼婚、房价太高、女人太现实……当然这一切的抱怨最后一般都会归结到"我没钱"这个终极指向上。

直到有一天在下班以后，公司微信群里闲聊，我照例如祥林嫂一样絮叨着自己想去旅行，想离开这个已经待了好几年的城市，想再也不去配合我爹进行一次又一次相亲……

这个时候公司一个新来的妹子说："去做啊！你为什么不去做呢？"

我愣住了。她的话太过直截了当，没有丝毫的犹豫和迂回，以至于让我觉得继续抬出我的老法宝——没钱，似乎有些不够有说服力。

平日里大家闲聊，谈到这些，大都是附和着说几声世道艰难、人情淡薄的套话，或者也表达一下感同身受的无奈，最后还要互相勉励几句。这样下来，一次下班后的同事交流感情活动便圆满成功，大家各自满足地睡去。

而那天，第一次有人这样直截了当地把我隐藏在抱怨背后的怯懦和懒惰戳穿。我对着手机屏幕良久都不知道该怎么回答，也第一次开始认真地思考自己到底该怎样去做。

真的都是因为没钱吗？你有认真想过自己到底要什么吗？你为你想要的做过什么吗？

这是我问自己的三个问题。

没钱，这倒是真的。

但是放眼身边，大家都是差不多的年龄，家境的差距也不是很大，毕竟富二代官二代也是少数，做着差不多薪资的工作，为什么有的人过得要比我精彩百倍？

未来会怎样？

想到这个问题，心下更是茫然。

在当时所在的那座城市，我已经待了六年时间，但依旧是一个漂泊的异乡人。我不确定自己是否会继续留在那里，却年复一年地空虚度日。除了偶尔迷茫一下，似乎也没有特别想要改变现状的意思。

而这正是最可怕的。我在庸庸碌碌中一年年地消磨着自己的锐气和志气，到了后来，已经失去了改变的勇气。在这样的环境中我知道自己正在日渐变得封闭、消沉、狭隘，却越发没有勇气离开。

我害怕陌生的环境，害怕脱离现在的社交关系，害怕父母会担心……其实这些害怕的根本原因只是，我已经失去了面对外面世界的信心。

意识到这一点以后，我感到心底一阵发冷。现状如此不堪，我又为此做过什么呢？

抛开出身这种无法改变的东西，我有没有去努力提高自己的学历、知识储备、工作能力，去尝试新鲜事物、结识新的朋友，以此来让自己能够更加出众一些，离成功更近一些呢？

这些问题的答案依旧让我感到心中一阵发虚。

一直以来，我已经习惯在抱怨之中逃避现实。无法升职加薪，是公司不够好，没有足够的平台；生活单调乏味，是因为没钱去吃喝玩乐；找不到女朋友，是现在的女孩子都太现实，太功利……

我一直沉浸在这样的情绪之中不愿意醒来，不愿意看到真实的自己，那个怯懦、自卑、狭隘、懒惰的自己。我们总习惯用种种理由来为自己的不作为进行开脱，然而事实上，去做一件事不一定会取得成功，但是不去做，那就一定不会取得成功。

很多事，我们还没开始就先把自己吓住了。

抱怨是最没有价值的，不仅无法改变现状，还让自己沉湎于那些消极、颓废的过去之中，无法正面未来。等我想通这些以后，我便停止了抱怨，开始认真地做着规划。为自己确立目标，积极地参与同行交流，关注行业最新动态，下班以后自己买菜做饭吃，去跑步，看电影。

一个月后，我便离开了那座待了六年的城市，来到了北京，在我们公司的总部上班。

尽管之前也因为公司的一些事情，来北京的时候挺多，但真正决定留在这个城市长久生活下去之后才发现自己对这座城市完全没有一点的了解。在我面前的，是一座完全陌生的城市。

以前跟同事们在网上聊天说起北京的交通拥堵、高房价、高消费等，总有些不以为然，觉得他们有些言过其实。那时候觉得哪座城市不堵车啊，不都这样嘛！再说我又不是没去过北京，根本没他们说得那么夸张嘛。当我坐着公交从工人体育馆到工人体育场这一段足足堵了四十分钟以后，我才对北京的堵车有了真正的体会。

每天早上挤公交去上班，当车来了的时候，未停稳人群便蜂拥而上，往往最后车厢塞满实在进不去人的时候，门口还扒着几个不甘心的乘客。这个时候一旁协助指挥交通的大妈就上前推着这些人的屁股硬顶进去，车门这才堪堪闭上。

地铁的拥挤程度则是有过之而无不及，在早高峰的六号线十里堡站，当车门打开的时候要冲开来，势大力沉地往前一撞。撞进车厢后趁势伸手抓住顶部扶杆，一带一挺，才能顺利上车。最关键的是要冲过车门那条线，只要成功进入车门，汹涌的人潮便会不断从背后袭来，把你挤压进车厢深处。那种时候真的觉得自己要被挤成一张纸了。

然而，我还是很快就爱上了这座城市。

在北京，最大的感触是，每个人都在努力奋斗，都在努力提升着自己。他们在上班的时候拼命工作，下班以后还要进行各种充电学习。这座城市真的很"快"，不仅仅是生活节奏快，人才的更替、知识的更新、时尚潮流的变幻……

只要停止前进，就会被甩在后面。

两个月后，我就完全适应了这里的生活，会在周末的时候去看一场电影，参加一些同城聚会活动，去南锣鼓巷逛逛小吃店。由于生活开始变得有规律起来，我的身体也比以前好了很多，能够精力充沛地面对每一天的挑战。而我再也没有了过去的迷茫、抱怨。

其实改变并没有想象之中那么艰难痛苦，不去尝试，又如何知道自己不行呢？每一刻都是崭新的，这一切才刚刚开始，路还很长，我相信自己能够很好地走下去。

去做啊！为什么不去做呢！如果你一无所有，那你怕什么呢？你已经无可失去；如果你身处逆境，那你怕什么呢？你已经无可退却。

我们都在路上！

不管能走多远,一直向前走就是了

有一次跟几个朋友一起去吃饭,闲聊中说起了当年自己毕业时候的情况,结果大家都来了兴致,就各自分享了自己刚刚踏入社会时候的经历。

磊哥的故事

磊哥是 2008 年大学毕业的,刚毕业那会儿,根本不知道如何才能找到一份合适的工作。他在网上看到一个中介帖,说百分之百可以帮助找到工作,就试着给这家中介投去了自己的简历。然后接到这家中介的面试通知,磊哥就高高兴兴地去了。

去了以后中介象征性地提了一些问题,之后便告诉他,明天就可以让他上岗,但是得交五百块的服装费给用人单位。

那时候磊哥还是一个刚走出校门的单纯大学生，听到工作有着落了以后早就欣喜若狂，根本没有多想什么，就按照中介的要求交了五百块。第二天果然接到中介的通知，说可以去上班了，要磊哥过来，由中介带着他去单位报到。然后磊哥就和其他的几个求职者一起，被中介送到了一家KTV。

所谓的工作，就是在KTV当服务生。这家KTV的老板是一个四十岁上下的女人，穿着低胸装，胸口露着一个老虎刺青，自称红姐，一副社会大姐头的架势。

红姐叼着烟给这些新人训话，训话内容主要是讲自己在道上的一些光辉经历和如今的江湖地位。训话完毕以后，就让人领着这些新人去熟悉场子。于是磊哥生平第一次见到了传说中的KTV陪唱女。

一长串穿着妖娆诱惑的姑娘站在这些新人的面前。有的面色冷漠，有的则故意给这些新人抛个媚眼。磊哥说，当时心里又紧张又兴奋，又想多看几眼，又有些不敢。

熟悉完场子以后，就进行了一些上岗培训。上岗培训结束以后时间还早，老板大度地让这些新人提前回家，表示明天就可以正式上岗，开始计薪水了。

离开那家KTV以后，磊哥就决定绝不会去这里上班。

其实在他被送到这家KTV的时候，心里就隐隐约约有些感觉被骗了，之后看到了老板"红姐"，以及那些陪唱女，就明白这地方恐怕不是那么的正规，自己交的五百块自然是打水漂了。

老葛的故事

老葛其实并不老，他是 2011 年大学毕业的。在毕业的时候，老葛一开始是决定考研，结果没有考上。

考研失败以后，老葛就去了他哥哥开的工作室上班，拿着三千元的月薪，包吃包住。工资虽然不算多，但是老葛那段时间过得很惬意，毕竟是在自己哥哥的工作室上班，不会受什么气。

那段时间老葛带着女友各种吃喝玩乐，日子过得很滋润。

如果日子一直就这么过下去，老葛自己也没啥意见，但是老葛的爸爸觉得这样下去不是办法，老葛哥哥的工作室规模也不大，待着也不过是在家人的庇护下混日子罢了，还是应该让老葛自己出去找工作。

当时老葛觉得这有什么，让找工作就找呗，以自己的能力找份工作还不是手到擒来的事情。于是老葛开始到处投简历，憧憬着收到许多家公司的 Offer，然后自己再挑一家活少待遇高的去上班。

然而希望是美好的，现实是残酷的。老葛投出许多的简历，却只收到了两家公司的面试邀请。更惨的是，这两家的面试老葛都没能通过。

老葛当时觉得自己的玻璃心碎了一地，原来自己是如此的不堪。

最后还是得求助家里，老葛的哥哥在圈子里也认识不少人，就找了一个朋友，把老葛介绍到了一家文化公司上班。这家公司给老葛开两千八百元的月薪，吃住全部自理。虽然钱不多，但当时老葛已经感激涕零了，毕竟算是成功踏出了职场第一步。

在这家公司上班以后，老葛才知道月薪两千八百元在北京意味着什么。

为了上班方便，老葛续租了一个朋友的房子，自己拿不出租金来，朋友帮他付了一个季度的房租，加上押金，老葛一共欠着朋友六千元。于是最初的几个月，每个月领到工资第一件事就是先还一部分债。本来工资就不多，还债以后更加拮据，那段时间老葛吃饭总是煎饼和馒头这两样换着吃。

就这样熬过了最开始艰难的三个月，终于把欠朋友的钱还清了，手头居然还有一点结余。然后还没来得及喘一口气，老葛就悲哀地发现，又要交下个季度的房租了。

老葛觉得自己既然已经独立出来找工作和生活，那就绝不能向家里人低头，一定要证明自己能行，于是只能再跟同学借钱交房租。

老葛恢复了一发工资就还债的艰苦日子。

那时候老葛把每个月的工资进行精确计算，只留下自己刚好够一个月吃饭、坐车的钱，其他的全部还债。这样做造成的后果是，只要中间有任何意外的消费，或者发工资的日子推迟一天，老葛就可能要面对没钱吃饭的尴尬。

有一次到了发工资的日子，老葛口袋里已经一毛钱都没有了，但是工资却没有按时发。于是中午吃饭的时候，老葛只好请同事帮自己垫付一下。为了维护自己那一点点面子，老葛跟同事解释说，自己早上忘了带钱包了，等第二天就给你钱。

那天下班以后，老葛没钱吃晚饭，只好喝点水躺床上睡觉。睡到晚上十一点的时候被饿醒，然而口袋里还是没有半毛钱，那一刻老葛感到无比的无助、心塞。就在这个时候，手机收到短信提示，工资到账了。

老葛握着手机看着上面短信提示银行卡入账信息，一下子觉得生活又充满了希望。然后老葛火速出门取钱，在家门口的小店大吃一顿，吃着吃着，眼泪就掉了下来。

老葛说，自己当时就在心里发誓，以后绝不可以这样，要努力做到有能力去选择自己想过的生活。

俊哥的故事

俊哥是在一个三线城市上的大学,大学期间,俊哥是个文艺青年。那时候韩寒正是如日中天,俊哥以韩寒为榜样,一心想着写小说成名,然后就退学去浪迹天涯。

那时候文艺青年还很吃香,很受姑娘们欢迎,加上俊哥确实有一点小才华,写的文章在校园里颇有名气,所以当时俊哥有一个对他死心塌地的女朋友。

当时俊哥有多傲娇呢?据他自己说,每个星期,他女朋友都要来给他洗衣服,洗完衣服以后,视俊哥的心情决定是否陪着女朋友出去逛。如果俊哥正好要创作,或者心情不好,那他女朋友就要在洗完衣服以后主动消失。而俊哥去找他女朋友的时候,则是无论什么情况下,必须随叫随到。

即将毕业的时候,俊哥的女朋友来跟俊哥商量两个人以后的事情。当时俊哥的女朋友跟他说:"毕业后我们结婚吧。"

俊哥觉得这太扯了,大好的青春刚刚开始,自己还要浪迹天涯,体验生活,写出不朽的作品来,怎么能被婚姻所束缚呢?再说结婚不得花钱呐?

俊哥女朋友表示，结婚有十万应该够了，如果俊哥没钱，五万也行。

俊哥一听就炸了，表示有十万老子早就出去创业了，有五万老子就去环游世界了，这事儿免谈。

姑娘哭着离开，毕业后就跟俊哥分手。那时候俊哥也不在意，觉得大丈夫何患无妻，等自己成了名，姑娘还不是一抓一大把。

于是俊哥全身心投入到了自己的文学事业之中。

毕业的时候大家都在找工作，俊哥虽然特立独行，但是毕竟也要面临毕业后的生存问题，所以也开始了找工作。

俊哥的第一份工作是在一家政府下属的法制类杂志社上班。这家杂志社的主要工作是对政府依法行政进行宣传监督。其实俊哥也不大明白这样的杂志社的具体职责和存在的意义。但是既来之则安之，俊哥每天采写一些相关新闻稿件，比如说某地政府开展了打击腐败分子、进行廉政建设的工作等。

这样的工作当然跟俊哥的文学梦想相差甚远，杂志社里全是一群半死不活的老头子，连个能一起讨论文学的人都没有。这个杂志社里大部分人都是事业编制，俊哥这样的却是临时工，薪资待遇差不说，以后也没有什么发展前途。

就在这个时候，有一个高中女同学联系到了俊哥。

这个高中女同学长得漂亮，俊哥高中时候曾经暗恋过一段时间,不过那时候俊哥的才华还没有显露出来,所以这段暗恋最终无疾而终,没想到时隔几年以后,妹子竟然主动联系俊哥。

俊哥正值苦闷,又是旧日喜欢过的姑娘找自己,两人很快就聊得投机。过了一段时间,两人不免聊到了彼此的近况。

女同学听到俊哥一个月只拿一千五百块钱之后,表现出了自己的惊讶之情,然后告诉俊哥她在西安工作,每个月能拿到五千块。俊哥听着就觉得有些气馁,想自己满腹才华,却只能屈居在一家体制内的小杂志社当临时工。

又过了几天,女同学告诉俊哥,她们公司有个岗位空缺正在招人,问他要不要过来,试用期四千二,转正后五千三。

俊哥一听,这是好事儿啊,再说西安也是好地方,历史底蕴深厚,正适合搞创作。再加上这段时间女同学言语之间暗示两人有进一步发展的可能,于是没怎么想就答应了下来。

过了两天女同学又表示,已经跟单位说好俊哥要过来了,过几天她们单位集体去爬华山,到时候俊哥也可以一起来参加,直接在华山下碰头就行。

华山险绝天下,风光秀美,俊哥一听还能免费去游华山,更加兴奋。他跟女同学确认日期以后火速辞职,买了去华山的火车票。

俊哥在华山下了火车以后,却接到了女同学的电话,告诉他单位的队伍在路上有一点变动，告诉他一个地名和坐车路线，让他赶来会合。

都到了这一步了，即使稍有些波折，俊哥也不觉得有什么问题，就按照女同学的指引坐上了一辆小巴。在小巴上颠簸了几个小时以后，俊哥在一个荒僻的山村下了车。然后打电话让那个女同学过来接他。

不一会儿女同学出现了。

女同学跟俊哥记忆中或者说想象中不同的是，这个女同学看起来面色发黄，穿着也有些显旧。她跟俊哥热情地打着招呼，两人多年未见，虽说最近网上聊了不少，但实际见面反而不知道说什么好，只好说些过去一起上学时候的旧事。

接着女同学带着俊哥去村口的一个小饭店吃饭。

这荒僻的山村里，饭店也只能提供简单的一两样小菜和大碗面。俊哥也不是很饿，就随意要了两盘小菜，两人各要了一碗面。大概因为长途劳顿，俊哥吃了几口就没什么胃口了。

那个女同学一开始还有些矜持，后来看俊哥不怎么吃，反而开始大吃起来。把自己那份面和桌上的小菜吃完以后，女同学看着俊哥几乎没动的面碗问："你怎么不吃啊？"

俊哥说自己没胃口之后，女同学先是迟疑了一下，然后问道，她可不可以把俊哥那一份面也吃掉？

俊哥虽然有些诧异，但还是点头说没问题。

女同学大概也有些不好意思，有些赧然地说："这面几乎没怎么吃，不能太浪费嘛。"

吃完饭以后，俊哥就被女同学带着进了村里的一个农家大院里。大院里上下建着两排民房，院墙高耸，两个健壮的青年坐在大门口的小马扎上抽烟。女同学把俊哥带到上院的中间一间房里，让俊哥在那里稍微休息一会儿，然后便离去。

一会儿就来了两个中年人，声称是俊哥女同学的领导，对俊哥嘘寒问暖一番，表达了亲切的慰问之后便离去。

之后三天，每天都有人过来看俊哥，按时给吃饭，只是再没见到那个女同学。这个时候俊哥已经感觉有些不妙了。

果然，接下来就有人开始给俊哥上课，让他加入他们的传销组织，发展下线。

一开始俊哥还努力做着抵抗，但是从那以后，俊哥就失去了正常的伙食供应，每天都是吃两顿不管饱的白菜汤，并且每天都有不同的人来给俊哥上课洗脑。一段时间以后，身心俱疲的俊哥心理防线终于崩溃，开始对外打电话发展下线。

直到后来，有一个四川的小伙被骗了进来，四川小伙家里有些背景，一次找到机会跟家里取得联系之后，四川小伙的家人就带着警察过来把这个传销窝点端掉了，俊哥这才被解救出来。

而在被解救之前，俊哥已经以要考研的名义跟家人骗了一万多块钱。

后来俊哥去找了一份广告公司的工作，从实习生做起，现在做到了创意总监的位置，在北京有了一套自己的不算大的公寓。

老葛在那家找关系进去的文化公司做出了多本畅销书，成为那家公司最重要的编辑，之后跳槽到另外一家中型出版公司，成立了自己的部门。俊哥从传销窝点被解救以后去了杭州，做过地产文案、游戏策划，又去北京做过一段时间的图书编辑，最后加盟了一家国内知名的影视制作公司，参与开发了几个重点项目。

他们也许还不能说是取得了成功，但他们都在一直往前走，不知不觉间已经走出了很远。他们其实都是平凡的人，起点并不高，迷茫彷徨过，走过一些弯路，但最后都找到了自己的方向，并且一直坚定地走了下去。

我们大部分人都只是个平凡人，并没有过人的资质、显赫的家世，也许能做出一些成就，也许只能过着平凡的人生。不管最后我们能够走多远，一直向前走就是了。

这一刻起，只活得是你自己就够了

大概我一切事情都喜欢做减法，凡事都往简单了想，就是那个时候形成的习惯吧，只是让自己轻松一点而已。

可是 Andy，活着是不需道理

第一个真正意义上的偶像是阿杜。

那时候我在读初二，在我们那个穷乡僻壤，那种便携式的小录音机对于一个初中生来说，还是一种奢侈品。只有那些偷偷拿了家里钱，在小卖部买到劣质摩丝，将头发涂得油光水滑三七分的大少们，才会在腰带上别着一个招摇走过校园。我这样的只能投去羡慕的目光。然而这种不懂低调的家伙通常的下场都是老师将录音机没收，勒令洗去摩丝头。

那一年，读大学的姐姐送了我一台随身听，从太原买回去的，音质不错，也好看，用现在的话来说，就是高端大气上档次。自从有了这台高端货之后，我走在校园里都觉得精神头不一样了。

刚开始买磁带，买的张学友那种五块钱的盗版货。

当时周杰伦刚刚出道，店主向我极力推荐。周杰伦的磁带封面上，是一个穿着衬衫，并不系扣子，袒胸露乳的家伙。当时我看着那个小眼睛厚嘴唇，一脸欠抽的家伙就觉得讨厌。于是至今与已经是歌坛老前辈的周杰伦无缘。

然后在某个下午的自习课上，我翻着一本叫作《阳光部落》的青春文学杂志，那时候对这些东西非常喜欢。在杂志的最后一页，意外地发现一个长相木讷，穿着一身牛仔服，有点憨厚老实的长头发歌手。

当时就觉得，这家伙与那个一脸欠揍模样的周杰伦完全不同，看起来就低调了许多嘛。

至今我想不明白我那时候为什么不喜欢那些装屌扮酷的家伙，仔细想想可能是当年羡慕嫉妒那些招摇校园的摩丝头留下的阴影。

这个老实木讷的家伙，就是阿杜。然后我就开始找阿杜的磁带，第一首听的是《他一定很爱你》。当时一下子就被那个如砂纸打磨过却又充满磁性的嗓音吸引住。然后是《天黑》《天天看到你》《一个人住》《撕夜》……

突然之间，我发现这个长相憨厚的家伙爆红起来了，走到哪儿都会传来"他一定很爱你，也把我比下去……"或者"我闭上眼睛就是天黑……"

而阿杜还是阿杜，在电视上看到他，依旧是那个木讷憨厚，有点害羞，不善言辞的样子。

后来知道,他出身是建筑工地的包工头。

再后来,当时新冒出的歌手不少,林俊杰、S.H.E、刀郎什么的。而阿杜,却在北京工体开过个人演唱会之后,突然销声匿迹了。接着,海蝶音乐的当家歌手也变成了他一手带出来的小师弟林俊杰。

阿杜,似乎渐渐被人遗忘。但我却一直在努力寻找着他的点点滴滴。零四年发行的《hello》;零五年的《I Do》;零七年的《差一点》……

但他最终还是没有再次红起来,后来,听他在电视说自己当年突然隐退是因为抑郁症。再后来,便看到他也烫起了头发,被化妆打扮成所谓的"潮男"。

我明白,那个所有人听着《天黑》的时代结束了。

曾经有很长的一段时间,我非常的焦虑,近乎抑郁的那种状态吧。那段时间现在想起来,就是一个人在黑暗之中苦苦挣扎。那种如影随形的焦虑感,无论如何都摆脱不掉。

当时我大概是陷入一种无可抑制的妄想,也许是一种幻听,总之是一种无法说明的焦躁状态,只要脑子清醒着,那些纷乱的念头就将我包围,无休无止。

我试过无数的办法结束这种状态,但都没有任何效果。我不知道该跟谁说起自己的这种状况,说给家里人听,怕他们担心,更何况他们也未必能够理解你的感受。想要说给朋友听，也有些无法启齿，而且那种状态也实在难以向别人表述清楚。说不好，别人会觉得你这人怎么这样的矫情，这点破事也值得一惊一乍。

那是一场只有自己的苦行，每天只要睁开眼睛，就要面临和自己意识的战斗。我拼命想把那些意识给抑制住，但那些意识却更加疯狂地反弹。

我非常能够理解《大话西游》中孙悟空的烦恼，那种脑子里有一万只苍蝇嗡嗡嗡的感觉，真是让人抓狂。我就在这样的状态下生活了好多年，每天看似若无其事，其实在脑海深处时时刻刻发生着一场对自己意识的争夺战。

那时候别人大概只觉得这个男孩不爱说话，有些自卑。其实我那时候知道自己的情绪时刻处在失控的边缘，光是努力让自己平静下来就已经很不容易了，根本没有多余的力气去处理复杂的人际关系。

大概我一切事情都喜欢做减法，凡事都往简单了想，就是那个时候形成的习惯吧，只是让自己轻松一点而已。那时候，每当觉得自己撑不住了，我就会去听阿杜的那首《Andy》：

可是 Andy，
活着是不需道理，谁都可能，暂时地失去勇气，

外面不安的世界，骚动的心情，
不能熄灭曾经你拥有炽热的心。

活着是不需道理，这句话不知道鼓舞了我多少次，多少次把我从那无边的黑暗之中拉回来，让我能够重新找回勇气。那时候我想，这是阿杜激励自己的歌曲吧。他也是一个在黑暗之中挣扎过的人啊。

我的偶像已然不年轻，还在歌坛拼搏，希望他也能永不熄灭炽热的心。

走出自己的小世界，尝试更多的可能性

有一天在微博上看到这样一个观点：那些只觉得妈妈的味道才是最美味的人，味蕾是未曾开化的。

这句话也许更多的是一种调侃，不过仔细想想也自有道理在其中。许多我们曾经自以为无法超越的家乡美味，等自己长大以后离开家乡接触到外面世界的各种好吃的以后，才发觉自己的孤陋寡闻。

我作为一个山西人，从小主食是面食，经常听着什么"世界面食在中国，中国面食在山西"，什么唐太宗李世民御膳顿顿得有面，什么慈禧太后西行来到太原府对各种面食赞不绝口……

这样的一些赞扬和真假难辨的故事，心里便被灌输了这样的理念，觉得面食才是最美味最地道的饮食。于是一直到大学毕业，我都是坚定的面食主义者。去食堂吃饭，从来都是一大碗面，即使偶尔吃一次大米，自己下意识里便觉得这玩意儿难吃，往往吃几口便扔在一边。直到参加工作以后,再不能像学校那样有一个固定的食堂可以准时准点地吃我想吃的饭菜,渐渐地也便打破了非面食不可的原则。

再后来离开了山西,更加意识到自己过去饮食观念的狭隘。

放眼全国,山西面食那是多么小众的吃法啊。即使同样是面条,我也不觉得山西刀削面要比陕西面食、兰州牛肉面、日本拉面这些更好吃一些。

回想一下自己过去的人生,我曾经一直是一个非常恋旧和保守的人,经常联系的朋友总是那么几个,手机里翻来覆去总是那几首老歌,去固定的小饭馆吃饭,就连衣服的颜色也很少有改变。我也不大喜欢去参加陌生人多的饭局和聚会,周末大部分时间宅在家。

一直以来我也就是这么生活的,并不觉得这样有什么不妥。然后某一天,有一个新认识的朋友对我说:你这样的人生实在是太过无趣了。

我说,大部分人不都这样吗?谁每天没事做瞎折腾啊!

她说,不是啊。

像她会在周末的时候练练书法,做一做瑜伽,有时候一个人也会去看一场电影、看一些宗教类的书籍。她最近打算学日语,接下来计划出国留学……

我当时就沉默了，开始有些怀疑自己是不是真的过得太无趣了。

过了一段时间以后，我有事回家一趟，跟我姐夫一起开着车走高速。车上一路放着音乐，我听着旋律觉得好熟悉，就问我姐夫："这谁唱的？"

我姐夫有些诧异地看了我一眼说："天呐，李荣浩你不知道吗？你这个年龄的人居然不知道李荣浩……"

我又沉默了，脑子里回想了一遍，好像我对华语流行音乐的认识还停留在周杰伦是个新人的时代。

虽说对于音乐的喜好实在是一个非常主观的事情，喜欢老歌也没什么错，但是如果从来不去尝试，就轻易武断地觉得那些乐坛新人都是垃圾、只有罗大佑李宗盛这样的才是恒久远，也未免太过偏颇。

经典的东西固然自有其价值，但当下流行的也并非一文不值。今天的流行，便是明日的经典，死抱着过去抱残守缺没有任何意义。

音乐、文学、电影，莫不如是。

想当初，提起80后大家的第一反应便是叛逆、张扬这样的标签，而时过境迁，80后现在的标签是压力大、买不起房……连

90后都开始步入晚婚晚育的年龄了，80后走在街上已经完全是一副中年人模样。如果自己对于这个世界的认知一直停滞不前，就会变得因循守旧，浅薄而又刻薄，偏激，自以为是。

　　想一下当年，刚有了"80后"这个概念的时候，那些老头子们是如何的口诛笔伐，恨不能把这代人集体重新回炉重造成他们心目中觉得正确的样子。而现在这代人已经成为社会中坚力量，也没有把这个社会折腾得垮掉，倒是比那些老头子们的时代明显进步了许多。

　　那么，我们又是用一种什么样的眼光去看待那些更年轻的90后、00后呢？是不是也像当年的那些老头子一样，提到90后就觉得是非主流，提到00后就觉得是脑残？

　　一切的偏见都源于无知，不知不觉中，我们也可能成为自己曾经最厌恶的人。

　　那次从老家回来以后，我经常反思和审视自己，然后便愈加觉得自己这些年太过故步自封，在某些领域已经有些跟不上时代的步伐了。而越是无知的人越容易以自己看到的为整个世界。

　　经常在网上看到人们为了一些观点进行骂战，往往那一批最无知的人是最敢信誓旦旦、赌咒发誓的，同时也是叫嚷最大声的；而那些真正看透这件事的人，则会慢条斯理地提出自己的观点和看法，提供大量的数据进行佐证。正因为前者什么都不知道，才会更加对自己看到的片面之词坚信不疑。

人们往往会有这样的体验，随着年龄的增长会为自己过去的无知感到羞愧。如果你有这种感觉，那就对了，说明你一直在成长。如果你一直觉得自己牛逼的不像样，回首过去一片辉煌灿烂，大概也开始走下坡路了。

知道的越多，便越不敢轻下论断，因为能意识到自己的狭隘和这个世界的可能性。

过去我也曾经跟人在网上论战，声嘶力竭，争得面红耳赤。而现在则更多抱着去接受和学习的心态。能够接纳与自己不同的观点，与异见者同处，是一个人开始成熟的一部分表现。

所以我现在非常羡慕那些对生活抱有热情、愿意去体验和尝试各种新事物的人群，希望自己也能够变成那样的人。我希望自己愿意去尝试更多新奇的美味，看更多的书和电影，去陌生的地方旅行，认识新的朋友，学一两种新技能。

我希望不断地更新自己，时刻让自己保持着对这个世界探索的兴趣，拥有更多创新的能力。

相对于这个世界来说，我们都像是一个对着高山痴痴幻想的稚童，想着山的那边是不是住着神仙。只是我们永远也无法站在世界这座高山的最顶端，洞悉这个世界的所有秘密。然而我们总能爬得更高一些，领略更多的风景。

世界是如此之大，生命有如此多的可能，即使穷尽一生去探索，也无法彻底认识这个世界。

而我们才走过多少地方，看过多少风景、经历过多少的人情悲欢？就敢将自己的世界封闭起来，因循守旧，不去接纳新的事物、尝试新的可能？

不要闭上眼睛告诉自己这个世界是黑的。

当你觉得艰难的时候,说明你正在往前走

转眼间毕业已经整整四年了,正式开始上班也有三年半了。

记得上学的时候总是喜欢给自己做各种规划,经常幻想着毕业五年以后我要如何如何,毕业十年以后我要如何如何。那时候对未来充满了憧憬,觉得一切皆有可能。那时候觉得五年、十年很长,可以发生很多的事情,让自己的生命产生巨大的变化。

真正走过以后回头看,却只觉得时间走得太快,一切都没准备好,什么都没来得及发生,几年就这么过去了。

刚毕业的时候,我雄心万丈地回老家开店,结果不足半年就倒闭,然后就出来找工作。我先是做了一份商场开发的工作,在做这份工作的时候,一开始我的任务主要是出去跑业务,在负责的片区内寻找合适的楼盘底商。然后收集数据,做出分析报告提交给公司。如果公司觉得某个楼盘的底商合适,就会派人去谈判,

整租或者租一部分进行开发。开发完成以后，后期我还要协助进行招商，吸引商家入驻。

公司给每个部门配一辆车，方便出去看楼盘，谈业务。不过一般只有领导出门的时候我才能搭一搭顺风车，独自一人出去是没资格动用配车的。

那时候我把负责片区的大大小小新楼盘全部跑了一遍，然后采集各种数据，地段、面积、外观、交通状况，这些都需要反馈给公司。

印象最深刻的一次是我去看一个楼盘，当时主体工程已经完成，楼上已经有业主入住，但是底商还没有租出去。底商里面没有灯，我摸黑从通道里走了进去。刚刚进去就被二十多只流浪狗包围了！原来这楼盘建成已经有一段时间了，但是底商却因为这样闲置着，竟然被流浪狗当作了巢穴。

二十多只流浪狗把我围在楼道里，冲着我狂叫，个头大的几只龇着牙，带领着狗群慢慢地逼近过来。当时我吓得腿都软了，幸好离墙不远，就慢慢向着墙根退去。退了几步，脚底下踢到东西，低头一看，是一堆钢管，应该是盖楼的时候搭脚手架用的，盖好楼以后就拆下来堆在了底商里面。我立刻抽出一根一米多长的钢管握在了手里。

那些流浪狗很聪明，看到我手上有了武器以后就不敢继续逼近过来。我手持着钢管慢慢往里走，那些狗不远不近地跟着。就这样提心吊胆地将内部粗略测量了一遍，拍了一些照片，然后再手持着钢管慢慢从楼里退出来，那些狗一直追到楼门口才停止。

流浪狗生存环境恶劣，所以更容易具有攻击性，如果不是碰巧里面堆着那些钢管，我真的不知道能不能安然无恙地出来。

这份工作只是做了一个月，我便辞职不干了。

当时觉得这份工作辛苦倒还是其次，主要是太过单调乏味，有时候出去看楼盘还要看一些保安之类的人的脸色。那时候那股刚出校门愣头青的劲头还没过去，稍有不如意就觉得无法忍受。还是有些心高气傲，觉得自己不应该干这样的活。其实今天回头看，这份工作很有挑战性，当时给的待遇也不算差，如果干下去，也许现在是另一种人生状态。

辞职以后我才意识到自己的鲁莽，离开家时带的钱已经消耗得差不多了，而我在这个时候辞职，没有了收入来源，接下来根本生活不下去。于是只是待了两天我便继续出去找工作。

因为从小对文字比较感兴趣，当时我一门心思想找一份跟文字有关的工作，于是投简历的时候都是选的编辑、撰稿人这些职位。

然而在太原这样的城市，文化产业不发达，编辑、撰稿人这样的职位少得可怜。找了好几家都是一些医院的软文手册撰稿人之类的职位。由于我学的专业是工商企业管理，专业并不对口，加上应届毕业，没有相关工作经验，因此就连医院软文手册撰稿人这样的职位都很难得到面试机会。

去面试过两家，一家只肯给每个月八百块的底薪，最后还没有通过面试，另外一家顺利通过面试，但是位置实在太过偏僻，我自己选择了放弃。

就在我打算放弃对文字工作的偏执，去老老实实找份销售的活儿的时候，接到了一个文学网站的面试通知。

那个文学网站是做报告文学和纪实文学的。我当时连报告文学是什么都不懂，但是听到文学两个字就觉得高大上，觉得跟我的人生理想瞬间契合起来了，于是高高兴兴地跑去面试。去面试的时候发现这家单位只有三个人，一个看上去跟我年龄差不多大的男孩，一个看上去比我稍大点的女孩，另外还有一个中年男人。我目光扫了一圈，发现工位不少，地方挺宽敞，心里琢磨着可能是这些人都外出了吧。

那个中年男人跟我聊了一会儿，问了我一些有关报告文学方面的知识。我至今很清楚地记得，他问我中国第一部报告文学是什么，我答不上来，他告诉我是《包身工》。又问我知道有哪些报告文学，我只回答上来一个《谁是最可爱的人》。

后来给了我一份笔试题让我答，这份笔试题大部分却是关于一些图书编辑知识的。那时候我连ISBN是什么都不知道，稀里糊涂地将题答完了。

令我意外的是，当天下午我就收到通知说我被录用了，第二天就可以去上班。

收到通知的时候，我长嘘了一口气，同时由衷地感到兴奋，终于可以做自己理想中的职业了。第二天我起了个大早去上班，结果去得太早了，在楼道里等了四十分钟才等到那个跟我差不多大的男孩到来开了门。一会儿来面试那天遇到的那个女孩也过来上班。

这个男孩我叫他文哥。文哥给我开了一台电脑，告诉我以后就坐这儿。然后就让我加入了一个QQ群。

文哥在群里说："大家欢迎新同事。"

然后群里就冒出一串串表情符号，对我表示欢迎。我吓了一跳，没想到居然有这么多人。我看了一下群信息竟然有二十多个人。接着我在群里做了一个自我介绍，就算是正式开始上班了。然而上班几天以后，我发现办公室里一直只有我们三个人，就连那个面试我的中年男人也再没有见到过。

我感到有些疑惑，群里那些人呢？怎么不来上班？难道都在外地出差？

现在想起来我那时候真是后知后觉，基本对公司的情况两眼一抹黑就稀里糊涂上班了。经过文哥的介绍，我才对我们公司的情况有了一个了解。

原来这是一家刚刚成立不久的新公司，而且公司总部在北京，负责图书出版发行业务，山西太原这边只是一个分部，负责公司旗下的两个网站。目前山西这边的员工就只有我们三个人。

那天面试我的那个中年男人就是我们公司的老板——之前我一直以为那是一个办公室主任之类的人物。事实上，我进入公司的时候，这家公司成立还不足一个月的时间。

我的职务主要是协助文哥更新维护那个报告文学网站，同时也协助北京那边做一些图书宣传的工作。

熟悉了一段时间网站栏目和后台操作以后，我就有了自己的后台账号，开始每天更新网站。网站内容来源一部分是转载，一部分是原创投稿。不接触这一行压根不会知道还有那么多的人热衷于报告文学的创作。

报告文学是比较严肃的文学体裁，在我一个刚二十出头的年轻人看来自然有些呆板无聊。于是我每天挖空心思想把这个网站做得活泼灵动一些，不那么死板单调。比如在纪实文学的栏目发一些民国才子的风流韵事，或者在文学咨询栏目发一些当红的偶像型作家，如韩寒、蒋方舟、郭敬明等人的信息，在首页幻灯片上放一些比较有趣的文学新闻的大轮播。

刚开始还觉得兴致勃勃，过了两三个月以后，就开始觉得无聊起来。我觉得更新维护网站也无非就是将内容筛选一下，然后复制粘贴上传的过程,纯体力活,熟练了以后就没有任何挑战性可言。

于是我就将目光投向了北京总部这边的图书出版发行业务。

那时候大家都在一个工作群里面,北京那边有一些工作上的事情也都会在群里讨论,比如新书封面的确定、营销宣传的开展等。我就开始刻意留心起这方面的内容,同时也想办法多跟北京那边的同事交流。

北京负责出版业务的总监姓苏,当时是以合伙人的身份跟我们老板共同创立了这家公司。我就开始想办法引起苏总的注意,比如在群里讨论一些选题的时候,我也积极发表自己的观点,平时也在微博、网站上配合公司图书的宣传。

终于有一天,苏总在QQ上找我说:"公司要建立一个官方博客,你能不能搞一个方案出来?"

我当时内心激动澎湃,觉得机会终于降临到我头上了,满口答应下来,拍胸脯保证完成任务。结果写了几个方案都被苏总否决了。

最后他跟我说:"你要再做得像这样不着调,我就不用你做了,我自己来。"

我当时立刻被吓住了,连忙表示我一定好好做,一定要再给我一次机会。

结果最后一次提交的方案，苏总通过了，然后就让我去把这个博客建起来。后来那个博客顺利建立起来，苏总在群里表扬了我的执行能力。从那次开始，我开始不断获得一些配合图书营销宣传的工作机会。在豆瓣、百度贴吧、天涯、微博上发一些书评信息进行宣传。

太原这边的人渐渐多起来，苏总从北京过来给太原的新人们做培训。我去火车站接人。没想到苏总是个比我大三岁的年轻人，长相俊秀。我当时就觉得他长得像我表哥，而且正好跟我表哥重名。

跟他说了以后，他说："好啊，你就当我是你表哥吧。"

趁着他在太原的机会，我向他请教各种关于出版方面的知识。苏总也是知无不言，言无不尽。

等他回到北京以后，我就跟他说，我想学着做图书。

他说可以，给我推荐了几本关于出版知识的书籍，让我先看看这些书。

于是那段时间我每天下班以后都在看这些书，慢慢才知道了许多出版方面的常识。之后我便逐步开始参与一些选题讨论，撰写一些营销文案。又过了一段时间以后，我开始参与一本书的文字编校和撰写封面文案。

等到我渐渐对图书编辑的工作流程熟悉以后，苏总就给了我一个选题,让我自己独立来做。

说是独立做,但毕竟是第一次,那时候许多东西都不懂,许多环节都出现过问题,幸好有苏总在背后给我救火,每次出现问题都及时指出来。

就这样磕磕绊绊的,我做的第一本书终于下印厂了。结果就在开印的时候,我突然检查出了一处页眉错误,立刻就给苏总打电话。苏总当时正在医院,听到消息以后也吓了一跳,连忙给印厂打电话,这才没成为大事故。

至此,我成功完成了一个网站编辑向图书编辑的转换。后来做的书越来越多,我自己独立负责一条产品线。期间由于公司人事变动,我作为一个资深老员工,也开始充当救火员的角色,于是将流程编辑、文字编辑、策划编辑、营销编辑这些岗位几乎都轮了一遍。渐渐地做得越来越得心应手,我也离开太原来到北京。

在这家公司一直待了三年多,期间也经历了许多艰难的时刻。但我对这家公司一直怀有一份革命情感。毕竟我是公司的第一批员工,经历了公司的初创、发展,期间见证了许多人的来来去去,也和公司一起经历了风风雨雨。

对老东家、对苏总,我在内心由衷地感激。今年出于个人原因,我离开了老东家到了现在的公司。

换了新的工作环境以后,许多地方需要重新适应。不同的企业文化，不同的产品规划，这些都需要我转变观念，尽快融入新的环境之中。

刚开始也很痛苦，因为两家的产品理念不同，我总是无法转换过来，因此在工作之中也遇到了很多的问题。按道理说，我的工作经验不算少，对出版全流程都非常熟悉，但那段时间确实总是失头掉尾的，出现各种低级错误。我甚至对自己的能力产生了严重的怀疑，觉得自己是不是真的无力胜任这份工作。

我跟我爸说起我工作的情况。

我爸跟我说："这就对了，工作就是这样，如果你总是觉得顺畅的话，说明你在不断地重复过去，没有进步，当你觉得困难的时候，才说明你在进步。"

我心中释然许多。静下心来慢慢调整自己的状态，工作渐渐地顺利起来，终于找回了那种得心应手的感觉。

回想自己这几年的工作经历，我不敢说自己取得了多大的成就，至今也只是一个普通的策划编辑。令我感到欣慰的是，这几年我一直都在尝试突破自己，也许走得并不快，但我一直没有停下来。

我想如果该来的没有来，那大概是你还没有准备好吧。不需要抱怨也不要怀疑自己，努力扎根，好好成长，在你做好准备的时候，你想要的就会不期而至。

不要害怕艰难，当你觉得艰难的时候，说明你正在往前走。

出身卑微从来不是放弃努力的借口

有一篇红遍知乎、豆瓣、微博、朋友圈的文章，题目叫作《为什么寒门再难出贵子》。大意是说因为寒门出身的人群，从小没有足够多的资源，无法接受更高质量的教育，长大以后自然表现跟那些非寒门出身的人群有了很大的差距，想要出人头地也就更加艰难。

从标题论点来说，这篇文章没有什么问题。当下社会资源的分配不均确实是个大问题，阶级壁垒已经形成，穷人出身的孩子面对的环境和机会更加不均等，出人头地的机会确实更少了。

然而这篇文章只是描述了一遍这种社会现象，并没有深入地挖掘这种现象形成的深层次社会原因。

观点和论据其实也没什么新鲜的，无非是富人的孩子更礼貌得体大方，穷人的孩子扭捏小气格局小，富人的孩子拥有更多的社会资源，穷人的孩子除了能力以外的资本为零，更何况能力都很难拼得过从小拥有更好教育环境的富人的孩子。

所以这篇文章我也是看过之后一笑置之，并没有什么特别的感触。真正让我注意的是这篇文章后面的一些跟帖以及围绕这个话题展开的一些新的文章的观点。

几乎没有人顺着这篇文章的观点往下发掘，找出产生"寒门再难出贵子"这种现象背后的社会原因，而是惊人一致地对"寒门"出身的人进行吐槽和声讨。

在这些跟帖背后透露出这样一种观点：穷即是原罪，穷人都是活该。

"凤凰男"已经是一个老得不能再老的话题了，如今更加新鲜的是，"有些事你再努力也没有用""穷逼就不要生孩子了"。

关于凤凰男的话题，这里不打算多说。我认为其实无论是"凤凰男"还是"孔雀女"都是一些个别现象被刻意夸大，扩大成了同样出身的人身上的标签。就跟八零后的"叛逆"，九零后的"非主流"一样。当年一众人对八零后口诛笔伐，视若洪水猛兽，而现在八零后已经成为社会中坚力量，好像也并没有垮掉。被骂"脑残""非主流"的九零后，如今表现出来的却更多是创新意识强、高素质、有礼貌。

让我感到非常不解的是那些努力无用的观点。这种观点的大意是，一个人的出身已经决定了所能拥有的社会资源，有些事你再努力也无法改变，穷人再努力也成就有限。

我很想知道，这样的观点是想说明什么问题呢？是想说龙生龙凤生凤，老鼠的儿子只配打洞吗？努力没有用，所推导出的潜台词无非就是，别努力了，认命吧。这样的观点看上去非常新颖犀利，冷峻客观，往往还打着一个"反鸡汤"的名头，显得自己不同流俗。而事实上，持有这样观点的人，无非是一些自我感觉良好的人，在秀自己的优越感罢了。

他们真正想表达的是："你们这些穷人，生来就跟我们不是一个世界的人，无论如何努力，你们都无法进入我们这个阶层。"

类似的观点还有"穷逼就不要生孩子了"。这种观点的大意是，身为穷人，你自己已经过得那么悲惨了，既然给不了孩子一个好的成长环境，就不要生了。

这个"穷逼"的范围该如何界定呢？究竟出于什么样的阶层才不是"穷逼"，有资格生孩子呢？那些持有这种论调的人相信跟马云、王健林比起来，也属于"穷逼"，也没有资格生孩子吧。

按照这种观点推论，除了有限的富人，其他人是不是都应该送进毒气室进行人道毁灭呢？

这些论调表面上理性客观，一针见血，事实上非常的狭隘偏激。除了对那些出身相对来说不是很好的人群进行一番嘲讽打击，没有任何意义。即使是出身再卑微的小人物，也有生存下去的权利,也可以心怀着梦想,也有通过自己的努力取得成功的权利。

事实上,马云也不是生下来就是中国首富、坐拥阿里巴巴帝国,他也曾经只是一个穷教师,依靠个人的拼搏才创建了中国最大的互联网企业。

我身边也有一个 80 后朋友,出身只是一个普通的小镇青年,没有任何的家世背景,依靠自己的努力,从一个广告文案职员做起,如今是一家文化公司的 CEO,年薪百万。

出身卑微从来不是放弃努力的借口,也并没有低人一等。出身无法选择,命运我们也无法预见,努力了,也未必能得到自己想要的结果,但是只要努力,就一定是在往前走!

那些曾经的苦难，总有一天会让你笑着说起

有一段时间我曾经纠结于一个问题：一个人坚强的表现到底是什么？是在遇到挫折或者受到伤害时不为所动，继续大步前行；还是在面对同样的处境下，感到痛彻心扉、不能自已，却依旧不言放弃、苦苦支撑、蹒跚前行？

这个问题我纠结了很久。起初我觉得真正的坚强应该是即使感到痛彻心扉，也不言放弃，继续前行。因为如果在面对相同处境的时候，你都不曾感到心痛，依然能毫不犹豫地大步前行，那又算什么坚强呢？

坚强应该是在面对逆境和挫折、受到伤害以后，依然不言放弃，艰难前行。如果你都不曾感到痛苦，也便说明这件事对你来说没那么重要，轻轻巧巧就跳过去了，那又如何能说坚强呢？

直到后来，我才渐渐领悟到，太容易感到痛苦、太容易受伤也是一种脆弱。拥有一颗足够强大的内心，在面对那些艰难的处

境的时候，才不会轻易被触动，能更从容地走过去。

因为，人生道路漫长，我们不知道要面对多少艰难的时刻，我们不知道下一个艰难的时刻会在何时降临，也无法预料到底会是怎样坏的处境。唯有让自己的内心强大一些，才能迎接那些可能到来的更加艰难的时刻。

这方面令我印象最深的一个人是罗永浩，也就是众所周知的老罗。

老罗在做锤子手机的时候，前期夸下无数海口，牛皮吹到天上，结果却是发布日期一再跳票、产品发布后产能不足、产品品控出现重大问题、饱受外界的质疑和讥笑……

当时的老罗一方面想办法解决自己本身的问题，一方面也在努力通过一系列的举措改善外界印象。

在此期间，最触动我的是老罗在微博上说的一句话："这远不是我这辈子最艰难的时刻……我不会倒下，也不会放弃，甚至不会沮丧，你们放心吧……"

"这远不是我这辈子最艰难的时刻"听着似乎轻松，但仔细品味就能读出来老罗在当时内心中承受着多大的压力。我冒昧从另一个角度去揣测、理解老罗这句话，大概在当时他是觉得已经快到了自己的极限，实在难以挺下去了吧？但他心里又明白当然不能倒下，也不能放弃，对于一家刚刚起步的企业来说，也许以后还会有更坏的处境、更艰难的时刻需要他去承担。

老罗无疑是智者，也是勇者。智在于他能自知自己的处境，勇在于他在逆境中依旧能奋勇前行。

有些事情，走过了便不觉得苦，曾经那些觉得无法迈过去的坎，在事隔多年以后却是能够云淡风轻地提起，回想起来的时候，也便不觉得当时有那么的难了。然而身在其中的时候确实是百般煎熬，觉得难以挺过去。

如果能够意识到"这远不是我这辈子最艰难的时刻"那么也许你会在那些艰难的时刻能够从容一些。

年少时候不知愁滋味，总是过分地夸大那些心情。

我在第一次恋爱分手的时候，当时身在异乡，身边只有一个哥们，我抱着他哭得一塌糊涂。当时觉得，自己这辈子再也无法遇到那样好的女孩了吧，再也不会有另一个人能让我那样喜欢了吧。而今天我再提起这件事情的时候，嘴角却能带着一丝笑，心中再无半点波澜。

我祝福那个女孩过得好，也知道我终将拥有自己的幸福。那些曾经觉得是生命无法承受之重的事情，在走过更多人生旅程时候回望，会发现是那么的微不足道，而且很多事情几乎是人生之中必然经历的。

就像是年龄会每年变大、你最终会从小学毕业一样自然。失恋、朋友的离开、至亲之人的误解……这些事情在发生的时候，都曾令我们无法释怀，但其实谁的生命中不曾经历过这些呢？不同的是有人能够坦然走过，有人始终耿耿于怀。

丢掉那些不必要的敏感，让自己的心不再一碰就碎，充满热情和希望地去生活。以前看到"你要的岁月都会给你"这样的话，心里觉得颇不以为然，觉得如果是这样的话，岂不是什么都不用做，等着岁月给我钱花给我漂亮媳妇给我豪宅跑车就可以了？

说什么都不干就能得到一切，当然是在抬杠。现在渐渐明白，其实这句话想要表达的是，在人生的不同阶段，都对应着不同的生活状态。随着你的成长，那些曾经你所仰望和羡慕的，也终将出现在你的生命里。当然这一切都要建立在你不断的奋斗和积累上。

电影《天使之恋》里面有一句台词："即使有人让你受伤，你已经拥有了可以承受的坚强和善良的心。"

那些曾经的苦难，总有一天会让你笑着说起，并不是那些苦难不曾存在过，而是你已经足够强大去面对。那些曾经发生的不会改变，改变的是我们的心。

跑得赢时光，留得住初心

如果上天能够给你一次重新来过的机会，你会选择如何度过？是否能够弥补许多当初的缺憾，完成曾经的梦想，把握住那个错过的人？

大概很多人都这样幻想过，至少我自己这样想过无数次，每次都想得特别投入，往往还纠结起自己的选择来。也跟身边的人聊过这个话题，大家的想法各异。比较统一的观点大概是利用自己的超前信息优势去买彩票或者进行别的投资，大赚一笔。从此当上 CEO，赢娶白富美，走上人生巅峰。

我比较没出息，想重生在 2006 年，网络文学收费阅读刚刚兴起的那个时候，然后每天去网吧连载自己看过的网文，从此成为大神，发家致富，迈向人生巅峰。

电影《夏洛特烦恼》讲的就是这样一个故事：夏洛在昔日仰

慕的高中同学秋雅的婚礼上，想出风头不成却被同学奚落，本就一事无成的他借着酒意抒发心中的酸味和对现实的不满，在婚礼现场大闹起来。

在场面混乱之际，夏洛的妻子马冬梅赶到现场，为了躲避马冬梅的追打，夏洛逃到了卫生间避难，却在马桶上睡着重新回到了自己的高中时代。

面对重新开始的一切，夏洛做出了完全不同的选择，拥有了全新的人生，然而直到人生再次走到尽头，他才明白自己真正的心之所向，懂得了自己人生中最值得珍惜的人。

看片子的时候，前半场我一直在大笑，感觉就是夏洛说自己这梦做得——爽！

沈腾天生就是吃喜剧演员这碗饭的，表演没得说，那种又贱又二的劲儿拿捏得非常到位。各种具有时代标志性的插曲植入也都是恰到好处地戳中笑点，尤其是费玉清老师《一剪梅》的旋律在不同的情境下响起的时候，配合剧情和演员的表现，我六块腹肌都笑成了八块。

到了后半场的时候，则是笑着笑着突然哽住，瞬间红了双眼，然后再让你由衷地笑出声来。后半场的时候，我都是一边看，一边偷偷观察旁边人的反应，生怕被别人发现自己要哭出来。毕竟一个大老爷们，看个喜剧还哭得稀里哗啦，怪难为情的。

全片结束，字幕出来的时候，没有人起身，全场安静，接着同时爆发出掌声。这个时候我才心中一松,看来不光是自己一个人泪点低,大家都被感动了。

当夏洛穿着没有摘掉标签、和婚礼司仪撞衫的礼服,出现在昔日暗恋女同学的婚礼现场的时候,我在他的脑门上看到了四个字:"中年危机"。

出生于八十年代的尾巴,即将度过二十六周岁的我,距离中年似乎还遥远,但已经能够看得见,现实中的压力和不如意也时刻围绕。有一段时间,我时常梦到高考,每一次都是高考失败,我拎着行李站在家乡的车站,不知道自己该怎么办,天空愁云惨淡。每次醒来,都是气喘吁吁。

去年冬天有事回老家一趟,在家里待了五六天,身心完全放空,彻底忘掉了工作的事情。然后在坐上回北京的高铁上,压力一点点回来,随着到北京的距离缩短而加重。

等到车停在北京西站的时候,已经完全恢复到之前的状态。现实是如此的不如意,那么如果能重新来过,你又是否能过好这一生?

遭遇中年危机的夏洛,幸运地拥有了重新来过的机会,如愿以偿地跟少年时心仪的班花在一起,功成名就豪车美人,也在母亲膝下尽孝。人生看起来已经是如此的完美,所有曾经的缺憾都得到了弥补,上天甚至给了他很多额外的东西。然而当他站在顶峰的时候，内心深处最无法忘怀的，却是曾经那一碗被自己吃到腻的汤面。

夏洛和马冬梅重逢那一场戏瞬间戳到我的泪点，不得不在电影院用胳膊撑着脑袋，以免被旁边的伙伴看到红了的双眼。

相识于微时，相守于贫贱，却耗不过时光，忘却了初心。难道一定要用失去这样的代价，才能明白曾经拥有的可贵？难道一定要走到生命的尽头，方才领悟这一生自己真正错过的风景？

人啊，苦不自知，苦不知足。生命其实是一个不断做出选择的过程，选择了一条路，必然放弃另外一条。选择了当初念念不忘的初恋情人，可能错过那个风雨同舟生死与共的枕边人。

上天永远是公平的，给你一些，不给你另外一些，选择便意味着失去。

倘若我能重来，那些犯过的错，遇见的人，伤过的心，我还是不想错过，因为这些就是我的生命啊！那些你已经习以为常，无法察觉其美好所在的，原来早已是你生命的一部分，无法分割，不能忘却。

网上有一个流传非常广的段子：多么希望有一天突然惊醒，发现自己是在小学的一节课上睡着了，现在经历的一切都是一场梦，桌上满是你的口水。你告诉同桌，说做了一个好长好长的梦。同桌骂你白痴，叫你好好听课。你看着窗外的球场，一切都那么熟悉，一切还充满希望。

如果我能重新来过，我不会去追逐那些失去的美好，只愿能够更加怜惜身边人，珍惜我之所有，过好那本来属于我的一生。

马冬梅就像我们的生活，平淡，直接，缺少浪漫和情趣；秋雅则是我们的欲望，美好，浪漫，又遥不可及。生活总是这样子，不如诗。生活就是马冬梅，你总觉得她不是你想要的样子。

然而，一旦秋雅也不再是梦想，而是实实在在被得到的时候，她也失去了原本的浪漫美好。最终你会发现，其实这也不是你想要的。

自己拥有的并非如看起来那般庸常乏味，更多的是自己迷失了自己的位置，对自己拥有的那些美好视而不见。只有遭遇外力将我们和自己的生活剥离开来，那种撕心的疼痛，才能提醒我们自己所拥有的重要性。

每一次的跌倒,都让我看清楚脚下的路

今天是我的生日,

其实十几天前就开始掰着指头惦记上还有几天过生日了,也想着要写点什么,真到了今天反而觉得有点无话可说。

二十五周岁的生日,二十六虚岁的生日。我过农历生日,农村不流行说周岁。

是的,我已经开始害怕这个不断变大的数字了,以前说起年龄总是骄傲地报出自己的虚岁,同时心中暗暗吐槽那些说个年龄还要说周岁来装嫩的家伙。

到现在,别人问我多少岁的时候,已经不那么坦然地说虚岁,而是考虑一下说,我八九年属蛇的。

二十五是个分界线,意味着以后的日子,自己的年龄段已经偏向于三十的那一边了。这是令人可怕的,好像不久以前,我还

觉得三十岁已经是个中年人。

我不知道你是否有这样的体验：在每个突然从梦中惊醒的午夜、在某个独坐窗前的阴天下午、在一个人吃着晚餐的时候、在听到一首好久不听的老歌，甚至走在路上突然意识到自己是一个人的时候……这样的时刻，都会突然感到无比的孤独。

然而在我二十五岁的这一年，我似乎觉得自己已经足够强大，强大到让这孤独的念头只是一闪即逝，然后继续扬起头阳光灿烂地生活、工作。只有把自己的神经变得粗砺一点，生活才能过得下去。

不是吗？

我还没做好准备呢，至少，让我有个女朋友再迈向而立之年吧？按照正常套路，我该深情回顾一下往事了，事实上我也正打算这么干。

2011年毕业，正式开始工作，到现在三年多。这三年，很开心自己一步步走过来，渐渐的不那么傻楞。

这三年，有点遗憾，干过无数的蠢事。但总体来说，时间总是把我推着向前走的，不管步伐的大小，总归是在前进。

我似乎总有一种把生活过得乱七八糟的本领，总有撞三百次南墙才醒悟的迟钝。回头看，这些年似乎一直在撞墙。

曾经我觉得，上帝给你关上一扇门的时候，一定会给你留一扇窗，然后在窗外装上铁栅栏，只给你希望，不给你出路。我也觉得现实就是《后会无期》里那口煮青蛙的锅，当你蠢蠢欲动的时候，一锅盖拍下去。

以前总是很急，总害怕夜长梦多，没有一件事能够按照我的预期发展下去，往往在黎明前夕又掉进了臭水沟里。所以我总是想努力抓住一切，觉得只要稍微松一口气，就会从我指尖溜走。但每一次，都很快就失去。一次次的打击都把我打蒙了。

怎么会这样呢？后来终于明白，越害怕失去越留不住；越输不起，输得越惨。

最难是舍得。

午夜无眠时候分给你烟抽的兄弟或许早已疏离，而那个曾陪你在失恋时候哭泣的闺蜜，是否也已经很久没有消息？

我把这叫作成长。我学会了一个人过，一个人也能好好吃饭，一个人也能过得很好。只是总有那么一些时刻，孤独如同一张大网一般笼罩下来，会将我轻易捕获，任我如何挣扎都无法摆脱。

这时候，我总会不由得想：若有一人能陪着该有多好，若有一人能懂我，该有多好。还好，走过便不觉得苦，再难也都是过去。

每一刻都是崭新的，每一次的弯路都为了能找到正确的方向，每一次的跌倒，都让我看清楚脚下的路。当我真正明白这一切，终于开始走得有点从容。既然来到这个世界，那就不是为了屈服于命运。

如果不按照自己的想法去生活，又如何对得起那些曾经的曲折。

新的一年，希望自己能够努力和周围的人群保持着一个恰如其分的距离，那样才不会在别离时感到痛苦，才不会遭遇背叛和伤害，让自己能够游刃有余、进退自如。

希望以后的自己，多看看外面的世界，多体验一些生命的可能，结识新的朋友，珍惜身边的人，努力做喜欢的事。

二十五岁，祝自己生日快乐。

生而为人，总会孤独

周末午睡醒来，却不想立刻离开床，就继续躺床上睁着眼睛发呆。

房间里静悄悄的，只有马路上的声音远远传来，透过两层窗玻璃以后变得渺远而不真实。刚刚梦境中的情绪还在延续，这让我稍稍有一丝错乱感。

我猜想此刻应该到下午四点了吧，睡的时候是一点左右，做了好长的梦。片刻后从枕边摸过手机看了一眼时间，才两点半而已。这让那一丝梦境中带来的错乱情绪迅速消失，整个人回到现实中。

与此同时产生的是强烈的不适感，我无法找到合适的词，只能说是不适感。我突然觉得一切都不对——一切都不应该是现在的样子，但应该是什么样子，我也说不上来。于是我苦苦思索，想弄明白究竟是哪里不对。思索的结果是，原来，我是感到孤独了啊！

是的，孤独。

总有那么一些时刻，孤独如同一张大网一般笼罩下来，将我们捕获，任我们如何挣扎都无法摆脱。

我想那些喜欢在人群中狂欢的家伙，没准内心中比谁都能深刻体会到孤独的滋味，所以才需要拥抱取暖，从别人眼中找到自己的存在感，以免自己被孤独包围。而那些离群索居的人，却也未必是喜欢孤独，只是置身人群，没准更加让人无法找到自己。

而人又是多么奇怪的动物啊，一方面害怕孤独，需要置身人群之中，从与人的交往中获得一丝慰藉；一方面又会对种种社交活动感到厌倦，需要躲回到自己的小世界中来恢复元气。

现在每次有聚会或者应酬活动，回来以后我都要大睡许久，才能把自己的状态重新调整过来。其实也并不是出去参加一个聚会或者跟人吃个饭会有多累，更多可能是一种对自己生活节奏被打乱以后的不适感。

比如在计划中，你打算周六早上去附近的公园跑跑步，上午收拾房间、看书，下午等太阳不那么晒了以后去看一部期待已久的电影，晚上给自己做点好吃的。这些是你在周三就已经想好的事情，结果在周五晚上突然接到一通电话，有人邀请你去参加一个不那么重要、但碍于面子又必须去的聚会。

等你参加完这个聚会，已经错过了下午的电影时间，回来换衣服收拾房间，折腾一通以后也没心情做饭，出去随便买点吃的对付一下。这种时候，就会觉得非常累，一切都超出你的控制，让人非常不适。你需要好好洗个澡，舒舒服服睡一觉，然后重新制订计划，让生活回到你的掌控之中。

每次打开豆瓣、知乎，总会在上面看到一些"技术贴"教你如何摒弃自己的无效人脉，有效率地进行社交活动，以获得最大的利益。我想，当你跟一个人交往的时候想的是能得到多少好处，对自己的事业发展有多少助益，每一步的关系进展都经过精心的布局，每一个步骤都牢牢掌控……那该有多累啊！

曾经看过一个观点，大意是：你喜欢跟那些志同道合的人交往，是因为你的能力欠缺，你没本事去搞定那些难搞定的人。

大概像我这样的家伙，永远也无法掌握这些高明的社交手腕吧。我始终觉得人与人交往，无非是那一点点灵犀相通所带来的惺惺相惜。所以才有"白首如新，倾盖如故"这样的句子。

无论是与知交故友在雨天窗前把酒言欢，还是在异地他乡陌路相逢递一支烟，都是人生快事。又何必去想能给你带来多大的好处呢。

倘若没有那一丝灵魂的碰撞，即使成日推杯换盏，互相称兄道弟，也不过是熟悉的陌生人，彼此离开以后，恐怕都会松一口气，觉得终于可以回到自己的生活了。

其实孤独也没什么不好的。孤独本就是人生的常态，生而为人，就无法避开孤独。正因为害怕孤独，所以才需要与人交往，需要互相之间的共鸣和理解。如果能侥幸有一二知己，那自然最好不过。如果没有，那也没什么，一个人也能过得下去。

我把工作中和生活中的人际交往总是分得很清楚。在工作中需要与人交流或者进行应酬，大部分时候也能应付自如，当然也有因为工作上的交往变成生活中的朋友。但通常工作上的交往，总是会有一个恰如其分的距离，这样大家彼此之间都感到舒服。公事公办，一切都以工作中的共同目标来寻找契合点，双方都能游刃有余、进退自如。

我觉得既然大家交往是为了事业上的共赢，有着共同的利益目标，那么彼此之间逢年过节、复制粘贴有个群发的问候也便足够，见面互相客套几句，双方心知肚明。该算计算计，该争取争取，最后把事情办成，这样就可以了。

非要强行越界，那才会让彼此都感到疲惫。而与真正的朋友，也许只是随意找个小馆子，一碟花生米一杯老酒就能聊得尽兴。乘兴而来，兴尽而归，双方都不会有任何的压力，这是最理想的样子。

既然孤独无可避免，那就接受这个设定，带着孤独好好生活。

年轻时候就是这样,迫不及待地做出一副历经沧桑的样子。大概我们跟那时的自己,永远不会有和解的机会了。

从此以后,我爱上的模样都像你

我能遇见你，已经很不可思议了

苏飞觉得自己必须离开这个城市了。空气越来越脏，交通越来越堵……但苏飞觉得这些关我屁事，管他 PM2.5 还是 5.2，难道我还真戴个防毒面具不成？别矫情了，毒不死人的。

苏飞站在办公楼的窗前，看着两百米外就开始变得迷蒙的城市，然后点着一支烟。相比起城市环境的好坏，苏飞更关心一些切实的问题。吸入 PM2.5 苏飞不会挂掉，但是明天再不发工资，苏飞就得饿着。

生活压力越来越大了，最近房东老太太总在说一些废话："再拖延房租的话，就从这个院子滚蛋。"

苏飞他爹也总在电话里啰唆，大意是说要苏飞过年前带个姑娘回去。

开玩笑，当你儿子是贩卖人口的？工作很烦人，忙忙碌碌一天,辛苦挨到发工资的时候,那点钱比大街上姑娘们的丝袜还显得单薄。

早上没来得及洗脸,加上两个黑眼圈和大眼袋,使苏飞整个人看起来就像是刚从稻草堆里爬出来的老母鸡。如果有人靠近苏飞三尺之内,便会感受到苏飞散发出来的满满负能量,能让接近者瞬间从精神亢奋变得萎靡不振。

用同事的话说,能毒死人。

另一个同事说:苏飞身上的负能量的威力堪比永州异蛇,触者尽死。

等到手中的烟抽完的时候,苏飞已经做出一个重大的决定,然后苏飞将烟头随意丢在地上,一脚踩灭,走回办公室。

苏飞决定来一场说走就走的旅行。

其实苏飞很烦"一场说走就走的旅行"这个说法,总觉得是一帮不缺钱的娘们吃饱了撑的。说走就走个屁啊,就算老板批准假,大姨妈也没来,可你总得有钱吧?别走半路上被卖到山区给老光棍当媳妇去了。

但苏飞依旧决定来这么一次了,如果再不走,苏飞担心自己不小心把办公室烧掉。

当苏飞向老板表达出需要休息几天的意愿之后,老板的态度出奇的好，甚至可以称为和颜悦色，并且痛快地让苏飞先从财务那里支取两千块工资，看来他也已经意识到将苏飞继续留在办公室后果并不理想。

苏飞站在火车站前看着像蝗虫一样的人群，想着自己也要加入其中，就不由得有些泄气。然后苏飞去了售票处，排在了队伍的末端。

他还没决定好去哪儿，但既然是一场说走就走的旅行，那就索性漫无目的一些。于是等待的过程中，苏飞抬头看起了悬挂在上方显示着车次目的地的巨大的LED屏幕。

苏飞需要临时决定一个目的地，其实，还有一个更重要的原因是，苏飞必须找一个口袋里的钱足够支撑他回来，而不是客死异乡的地方。

巨大的LED屏幕上滚动显示着各个地方的地名，苏飞目光上下扫动，同时掂量着自己口袋里的两千块能够去哪儿。

大连……青岛……

苏飞一直想去看看大海，三亚、海口之类的是想都不敢想了，大连、青岛其实也不错。但是一会儿苏飞就放弃了，原因是这两个地方来回坐普快硬座，也会消耗掉他一千多块钱，何况去了还要吃住，口袋里的两千明显预算不够。

杭州、武当山、九寨沟、成都……一个个地名从计划中划去，苏飞渐渐变得烦躁起来，看着人头攒动的售票大厅，有种从怀里摸出一个手雷来拉响的冲动。

叮！

苏飞把手伸入口袋里，当然没有摸出一个手雷，而是摸出了一个手机。

"在忙什么呢？"

是一个头像看上去乖巧精灵的女孩发来的微信信息，苏飞的脸色瞬间变得温柔起来，嘴角泛起和煦的笑容。对比起苏飞刚才的状态，这笑容简直像是回光返照。

苏飞把之前跟女孩的聊天信息翻动着看了一遍，又把女孩的头像点击放大，深情注视，期间一直满含笑容，眼波中流转无限柔情。

女孩有个好听的英文昵称叫 Flora，苏飞专门百度查过，是花神弗洛拉的名字。苏飞跟 Flora 是两个月前在豆瓣上认识的。Flora 是一个很文艺的女孩子，经常在豆瓣上分享自己的一些心情，写一些小文章，有时候还会配上一张可爱的自拍，是那种标准的豆瓣文艺小清新风格的女孩。

Flora 在豆瓣有着不少的关注者，却也没有达到那种"红人"的级别，而苏飞是一名图书编辑，主要做一些豆瓣红人的随笔文集，在为一本情感故事合集书约稿的时候认识了 Flora。

两人一开始只是因为合作关系聊几句,后来渐渐变得熟络,话题也更加广泛并且深入起来。聊一起看过的书和电影,聊豆瓣小组里的各种八卦,聊各自的情史和前任,聊到兴起的时候还会聊一些两性私密话题。有时候也会约好一起看同一部剧,一边看一边吐槽。

自从认识Flora以后,苏飞觉得自己在一点点被改变着。

以前苏飞是个愤青,每天都在微博上痛斥社会的不公,人心的堕落,平日里也总是眉头紧锁,指间夹着一支烟,脸上是长期熬夜带来的油腻和粉刺,一副忧国忧民的样子。

苏飞是个宅男,但是跟普遍意义上的宅男并不同。苏飞不玩游戏不看动漫对于二次元的世界也并不沉迷,甚至他也不怎么在网上聊天,也不看网上女主播们的真人秀表演。他只是不喜欢出门,也不逛街,闲暇时间都在家里发呆或者睡觉。

苏飞把自己宅的原因归结于没钱。出去一趟哪儿不得花钱啊,总不能出去不吃不喝不玩光低着头压马路吧。

至于恋爱,那是更不能谈了,现在又不是穷学生时代,在校园或者公园里散散步,草坪躺一躺,小树林里钻一钻就能把恋爱谈了。现在谈恋爱你得请人家吃大餐吧,得逛商场吧,看见中意的东西你得买单吧,逛累了得找个咖啡店坐着休息吧?这都得钱哪!

所以苏飞心安理得地宅着,有时候也会在发呆的时候幻想一下自己突然得到一笔横财什么的，搞个大别墅，前面停着保时捷小跑车后面拴着大金毛，阳台上展览着一袭白衣的女神……

Flora 的出现改变了这一切。Flora 简直是作为苏飞的反面而存在的，她对一切都充满好奇心，喜欢新奇新鲜的事物，思维活跃，有些神秘和难以捉摸。

有时候 Flora 会拖着苏飞认真研究半天星座，并且对于苏飞无法提供准确的血型表示遗憾，这使得她的研究无法更加精确，有时候又会在半夜找苏飞一起研究人的灵魂转世问题，而当苏飞认真地开始研究这些神秘的玩意儿的时候，她已经把兴趣转向了某款香水或者口红了，偶尔还跟苏飞开开黄腔，把苏飞的心撩得一跳一跳的。

苏飞从来没有遇到这样新鲜好玩的女孩。过去苏飞接触的女孩子总会先问他，哪里人？做什么工作？工资多少？有没有房子？这样的女孩让苏飞感到丧气或者愤怒，丧气是遇到这样问他的漂亮女孩，他觉得自己一个条件都满足不了，愤怒是遇到那种不漂亮的女孩这样问，苏飞会觉得就凭你也敢要这要那的。

Flora 不会这样，她只会跟苏飞谈梦想谈远方谈八卦谈段子，总是能带给苏飞新鲜感，让苏飞觉得原来生活还可以这样子的，还有这么多好玩的事情，同时心底被潜藏很久的对于爱情的渴望也开始蠢蠢欲动。

苏飞突然眉头一挑，狠狠在自己大腿上拍了一巴掌，然而脸上却是按捺不住的欣喜和恍然大悟，他飞快地在手机上输入一行字："我在去北京的路上！"

发送完毕后，苏飞仰起脸深呼一口气，他突然明白了自己这些天为什么会这样躁动不安，他也明白了自己根本不是想来场漫无目的的旅行。其实在他的内心深处，方向和目的早已预定。

Flora 在北京。

鼓楼的炒肝簋街的烤串南锣鼓巷的小店后海的酒吧三里屯的美女……这些在苏飞的脑海里已经想了好多遍，因为 Flora 跟他说了好多遍。

Flora 总是说："你来北京，我带你去玩啊！"

苏飞很宅，还没有去过距离他所在城市不算远的北京。

消息发出以后，苏飞又陷入了纠结之中，不知道这样会不会有点唐突，万一 Flora 不愿意见他该怎么办？

好在苏飞没有纠结太久，手机的消息提示声很快响起："你们天秤座居然也有这样勇猛的时候吗！！！你要真来，姐姐全程陪你玩！"

苏飞的心又火热起来，尤其是对着"全程陪你玩"几个字，不禁想入非非，思量这全程能有多全。

"去哪里?"

一个冷冰冰的女声打断了苏飞的遐想,抬头一看,不知不觉中,排在自己前面的长队已经消失,已经到达了售票窗口。穿着制服的女售票员正不满地瞪着一脸痴呆笑容的苏飞,排在后面的一个大口喘着气的黑大胖子也正不满地对苏飞怒目而视。

苏飞自知理亏,手忙脚乱地掏出身份证件递进去,说要一张最快的去北京的票。

高铁以三百公里的时速飞驰在华北平原上,车窗外望不到边的农田消失在视野的尽头。一路上 Flora 的信息不时发过来,指点苏飞如何在手机上预订酒店,规划接下来几天的行程。

当列车在北京西站缓缓停下的时候,苏飞觉得如梦似幻。几个小时前,他还在汹涌的人流中烦躁得恨不能毁灭整个世界,而此时此刻他已经满怀期待,在这车站之外,有一个美好的女孩子在等着他。

苏飞突然紧张起来,对着手机屏幕又拨弄了一番头发,上下检查了一遍自己的着装,确保不会发生诸如裤子拉链没拉上这样影响形象的事情。

其实苏飞生得面目清秀,要不是死宅的生活使得整个人略显萎靡,也能跨入帅哥的行列。而在出发前,苏飞也精心将自己的面目收拾了一下,换了几件看着精神的衣服,现在想来真是英明之举。

苏飞跟随汹涌的人流往出站口走去，一边左右顾盼，好像Flora会突然在人流中出现似的。

通过出站检票口之后，苏飞一眼看到了那个在人群中左右寻觅的高挑女孩，苏飞深吸一口气，向着女孩走了过去。当两人距离五步左右的时候，女孩发现了苏飞，大眼睛上荡漾开笑意，对着苏飞招了招手迎了上来。

苏飞走过来的时候还信心十足，此时却有些手足无措，有些局促地对着走来的女孩伸出手说："你好，我是苏子。"

苏子是苏飞的豆瓣ID，微信也是用这个昵称，两人一直在网上交流，习惯了用网络昵称。

女孩伸手跟苏飞握了一下，嘻嘻一笑，突然立正身体，做严肃状："苏子同志，我是组织上派来接你的！"说着忍不住又笑了起来，"我叫方落，你可以叫我落落。"

"啊，呃，那个，我叫苏飞，你可以叫我……"苏飞本来想学方落说，你可以叫我飞飞的，话到嘴边又觉得不妥，生生刹住，不禁有些发窘。

"哈哈哈，你太逗了，我要叫你飞飞吗？我养的二哈就叫飞飞呢！"方落笑弯了腰。

方落穿着利落的黑色短裙，黑色的裤袜勾勒出修长的双腿，小脸大眼睛，笑起来的时候嘴翘向一边，带着一点俏皮。不管有心还是无意，总之有了一个比较欢乐的开场，两人随意地聊着天往外走。

"你还没吃饭呢吧？我带你去吃姚记炒肝好不好？"

"好啊，听你安排。"

"吃完炒肝我们去逛南锣鼓巷，那边有一家特好吃的奶酪店，带你去尝尝……你喜欢吃奶酪吧？"

苏飞拼命点着头，虽然他不是一个吃货，对于奶酪也没有什么特别的爱好。

"哎呀，不行，你累了一路我们还是先去酒店放下行李再说，反正酒店就在那边附近。"

……

酒店是方落选的，距离南锣鼓巷不远，外面看着有点古意。

苏飞向前台报上自己的姓名和手机号，前台的姑娘熟练地输入，核实信息之后抬头问道："请问您几位入住？"

"两位。"当苏飞还在踌躇的时候，方落已经从包里取出自己的身份证递了过去。

苏飞的心狂跳，努力不动声色，点点头，把自己的身份证也递过去。

"说好全程陪你玩，就一定会做到！"方落嘴角翘起看着苏飞，眼睛清澈明亮。

他们去鼓楼吃了姚记炒肝,这里的炒肝勾着厚厚的芡粉,跟苏飞家乡的炒肝味道并不同,其实苏飞并不觉得特别好吃,然而当方落满怀期待地看着他的时候,他还是很大口地吃着,并且赞叹味道真好。

他们去了南锣鼓巷,看那些古色古香的街道与小巷,看那些好看时尚的女孩子,看情侣们相挽着手走过街头,他们在每一个小店之中逗留,买那些好玩的小饰品,吃了文宇奶酪店的奶酪,不时被卖花的大妈尾随。

他们乘着地铁穿越半个城市去海淀区的华星UME看电影。那时候《心花路放》正在热映,两个人开怀大笑,不知道什么时候方落的头已经轻轻地靠在苏飞肩头,好闻的发香钻入苏飞的鼻子,让他的呼吸急促,心跳加速。

电影里黄渤唱道:

是不是对生活不太满意

很久没有笑过又不知为何

既然不快乐又不喜欢这里

不如一路向西去大理

路程有点波折空气有点稀薄

景色越辽阔 心里越寂寞

不知道谁在何处等待

不知道后来的后来

谁的头顶上没有灰尘

谁的肩上没有过齿痕

也许爱情就在洱海边等着

也许故事正在发生着

  感受着自己肩头靠着的女孩身上传来的淡淡体温，苏飞觉得自己就像是一路向西去大理去摆脱痛苦和寻找爱情的黄渤和徐峥一样。在出发之前，他觉得一点都不快乐，也不喜欢那座待了多年的城市，而现在他觉得自己终于找到了此行的目的和意义，遇到了自己生命之中所渴望的那个人。

  从电影院出来的时候，他们的手自然地牵在一起。他们在附近逛街，去吃方落说了很多次的寿司。一直到天黑以后，他们又穿越半个城市回到出发的地方，然后去了后海边。

  后海上倒映着两岸的灯火，波光粼粼，有花灯船在水面上漂荡。到处都是歌声，汪峰在这里大受欢迎，随处可以听到《北京北京》或者《存在》《生来彷徨》。他们看到一个客人都没有的酒吧里，年轻的男孩独自认真地演唱着张学友的《情书》。他们透过玻璃橱窗，看着跳钢管舞的女孩把自己柔软的身躯任意扭曲，上下旋转飞舞。他们找了一个客人不多放着民谣的酒吧坐下来，喝着威士忌聊天，诉说着彼此的过往和对未来的向往。

在微醺的时候他们牵着手步行回到酒店,很自然地拥抱在一起,亲吻,索要彼此的体温。他们一次又一次地做爱,直到再也没有力气。

第二天他们去了故宫,两人租了皇帝装和后妃装穿着疯狂拍照,去看了"甄嬛娘娘"的住处。苏飞说:"要是能穿越,他不喜欢做皇帝,宁愿做个无所事事安享太平富贵的果郡王。"

方落说:"她要穿越回去成为超有范儿的华妃娘娘。"

从神武门出来,他们又坐着人力车去看北京的胡同,听人力车师傅讲"门当户对"的典故。之后他们便在附近漫无目的地闲逛压马路。

在穿过一座天桥的时候,苏飞停下来,转过身面对着方落:"落落,我们在一起吧。"

尽管苏飞觉得他们已经"在一起"了,但还应该来一个正式的表白,他热切地看着方落。

没有风,他们的脚下是雾霾的北京,方落的眼睛依旧清澈好看。

"苏飞,你真的喜欢我吗?"

"喜欢啊!"

"可是我们才刚认识诶!"

苏飞沉默了,脸上是无法掩饰的惊慌,他不明白为什么方落会这样说。

"落落,我是认真的,如果不是真的喜欢你,我不会跑到北京的。我想好了,回去我就辞职来北京,反正我也是做编辑的,在北京认识很多圈子里的人,找工作还是很容易的。"

"可是你现在喜欢我,那么几个月后呢,一年后呢,你能一直喜欢下去吗?"方落的眼神暗了下去,目光转向一边看着远处雾霾中的北京。

"当然能啊,一年,十年,一辈子,我都会喜欢你的!"苏飞大声地作着保证。

"对不起,尽管这样说会很伤害你,但是我真的还没有准备好我们在一起,希望你能理解。"

方落转过头来看着苏飞,眼神重新亮起来,只是这眼睛让苏飞觉得看不透。苏飞想问为什么,张了张嘴,没有发出声音。

方落走近挽住苏飞的手臂,轻轻地说:"别问为什么了好吗?你回家去吧,如果有缘我们终究还是会在一起的,你就当我们是暂时的分开。"

感受着方落手臂上传来的温度,苏飞的心又变得柔软起来,可是他依旧觉得不安,像是落入了一片汪洋之中。他们一起回去酒店,一路上方落紧紧挽着苏飞的手臂。他们在酒店重新缠绵在一起,拥吻,做爱。

然后他收拾行李离开,找了最近的小酒吧坐着,不说话,只是点了两杯鸡尾酒静静地坐着。一直到天色将黑，方落才把苏飞拉起来说："你再不走就赶不上火车啦！"

"落落，让我送你回去吧！"苏飞请求着。

方落很坚定地摇了摇头，站起身来往外走去。他们往地铁站走去，路边一家小店的音响很大声地放着李圣杰的《手放开》。苏飞又有了摸出个手雷来扔进这家店的冲动。

他们在地铁站里分别，苏飞看着方落踏上回家的地铁，列车呼啸而去，带起的风穿过汹涌的人潮。

半个月后，苏飞带着行李再次出现在北京。这次来车站接他的是一个在群里认识的图书编辑。苏飞已经跟北京的一家文化公司谈妥，随时可以去上班，暂时寄居在来接他的那个编辑家里。

苏飞再没有见到过方落，只是有一次收到一条信息，方落说："那天走过街头，突然想起你的侧脸了。"

此外再无音讯，无论苏飞怎么说，都无法收到方落的回应。

苏飞有时候会去那些他们曾经走过的街道和小店，希望能够与方落不期而遇。

圣诞节的时候，苏飞看到方落的豆瓣更新，发出一束巨大的玫瑰花的照片，大概是999朵吧，还有方落一脸幸福地依偎在一个男生怀里的照片。

苏飞戒了烟，不再总是宅着，不跟人在网上论战，看书、跑步、看电影、户外徒步，像个真正的文艺青年。

一年过去了，苏飞还是一个人，对于感情，他并不着急，如果没有合适的人出现，他觉得就这样也挺好的。偶尔想起那个生命中曾经出现过的女孩，苏飞想到一句话：我能遇见你，已经很不可思议了。

现在的迷茫是因为曾经的轻狂

有一次我跟我一个哥们去赴一个饭局。哥们姓苏,有人叫他苏苏,也有人叫他老苏。他只乐意漂亮女孩子叫他苏苏,所以我一般叫他老苏。路上老苏告诉我,一会儿要见的几个人物估计你会有点兴趣。老苏说这话的时候,眼里带着几分玩味。

"什么人啊?"我也被勾起几分好奇心。

"七匹狼你听说过吗?"老苏问我。

"知道啊,不是一个国内的衣服品牌嘛!"我随口答道,"哦,还有一种烟也叫七匹狼。"

"不是衣服也不是烟,你不记得咱们上高中的时候听说的那个七匹狼了?"老苏笑道。

我怔了一下,随后反应过来:"你说的是那个混混组织七匹狼啊!怎么着,难道我们要去见的就是他们?"

老苏一边笑,一边点着头:"对,一会儿过来的是七匹狼里的第四匹狼。"

听到这里我微微感到有些振奋,毕竟七匹狼曾经在我眼中也是属于传奇人物的存在,虽说自己已经不是当年一门心思想当古惑仔的热血少年,但是毕竟当年在暗地里崇拜过这传奇性的组织。

高中时代我是在一个小县城度过,那里虽说是深藏在黄土高原的山间小城,但是跟民风淳朴这类型的词汇却是没有多大的关系。一个几乎用一小时时间就可以走遍城里每一个角落的小县城里,却是有着大大小小各种各样的混混组织,并且割地称雄,各自划分势力范围。

车站、网吧、各大中学门口、医院、菜市场、电影院……这些地方都是这些混混组织的活动地带,而这些组织也大都会给自己起一个自认为响亮的名头,比如六大金刚、十三鹰、七匹狼这种。

其实这些以数字和动物组合的组织,都是一些小角色,一般都是中学辍学的问题少年,或者干脆就是学生,平时也就是干点儿欺负女同学收点保护费这类事情。真正比较狠的大人物是另一种风格,外号也走另外的路线,比如"地主""日本人"这类型听起来就不是善茬的。

然而七匹狼在当时的学生中间还是有着很高的江湖地位的。七匹狼就是一个学生混混组织,听名称就能明白,这是一个由七个人组成的团体。我当时在一中，七匹狼是属于五中的。

关于七匹狼的传说很多，有人说他们的老大小时候就被送到少林寺练过，单挑十几个人毫无压力；有人说他们几个都是富二代或者官二代，无论捅出多大的事儿都能摆平；还有一种说法是，七匹狼背后是一个大黑帮，有人罩着，所以才能横行无忌。

而我最喜欢的一个关于七匹狼的传说是讲他们的形象的：七匹狼从老大到老七，每个人都是黑衣黑裤，留着长发，并且每个人都配一辆摩托，经常在深夜的时候从县城的大街上呼啸而过。

无论是黑衣黑裤黑色的长发，还是拉风的摩托，都是当时的我所最向往的。我经常幻想着自己骑着排气管大声轰鸣着的摩托，郑伊健式的长发向着脑后飘去，然后在众人崇拜的眼神中，一个急刹车，后轮甩尾停在我们班花面前……

然而对于七匹狼，在我的整个高中生涯中，都只是闻名而未曾见面。虽然那时候我也跟班里看不顺眼的家伙干过几架，但很明显，那属于同学之间的小争端，远远没资格称为江湖事件。所以我也无法成为江湖中人，自然也无法接触到有着崇高江湖地位的七匹狼。

没想到时隔多年，竟然能有机会接触到当时仰慕的人物。

"真的假的，你怎么会认识七匹狼里的人物啊？"我已经彻底被勾起兴趣，不过还是有几分不确信。

"嗨，这有什么难的，咱们那小地方圈子就那么大，很容易接触到的，一会儿见见以后你也就认识了。"老苏一副哥也是圈内人的架势。

我恍然想起，高中时代老苏在我们一中也是风云人物，以泡妞和跳街舞著称，也认识不少混混，那时候搬出老苏的名号，给面子的人不少。他比我高一届，本来我是不认识的，只是听说过老苏的名声，没想到后来他高考失败复读一年，之后我俩竟然上了同一所大学，在大学里认识。

于是我心中开始期待起来。

到了吃饭的地方，一进门就有一个坛子脸的戴眼镜胖子站起来向着我们这边招手。老苏也一边招手一边招呼我向着坛子脸胖子走过去。

我当时愣了一下，心里琢磨着这胖子不会就是老苏说的那七匹狼里的第四匹狼吧？怎么看都跟我心目中那冷酷霸气的形象太有差距了。

"这是我哥们小丁，"老苏指着我对那胖子说道，随后又向我介绍，"这是小北。"

"你好你好，幸会幸会！"叫作小北的坛子脸胖子热情地伸出手来。

我虽然觉得这个胖子的形象跟"小北"这个清新的名字实在

是违和，但觉得这家伙人还不坏，何况还有可能是我曾经崇拜过的七匹狼里的人物。虽然跟想象中不太一样，但也总算有缘相见。于是也伸出手握了一下："久仰久仰！"

"哈哈哈，哥们你挺有意思，来，坐，坐！"小北用力在我肩膀上拍着，一边招呼我和老苏坐了下来。

老苏问小北："联系亮子没，这会儿他到哪儿了？"

小北一边给我们俩倒茶一边答道："正往这走着呢，过会儿就到，反正都是自己人，咱们就先点菜吧。"

我一听，心想难道这一会儿要来的亮子才是那第四匹狼，于是又暗暗期待起来。

菜刚上桌的时候，一个留着寸头，穿着一身常见的业务员专用廉价黑西装、白衬衣，打着领带的瘦高个子匆匆忙忙地走了过来，一边拉过椅子坐下来，一边向着老苏和小北打招呼："刚见完一个客户，一路跑过来还是迟了，让兄弟们久等了。"

"罚一杯！"小北一边叫着一边倒了满满一杯啤酒推了过去。

我趁机打量着刚入座的这家伙。可能是因为走的急，此时他的脑门上还有一层细汗，脸上带着几分倦容，是那种经常在外面跑的人特有的风尘仆仆的感觉，普通样式的近视眼镜后面是一双小眼睛，看上去与我平时遇到的那些推销保险的业务员并没有什么不同。

"应该的，应该的！"瘦高个接过小北递过来的啤酒，咕咚咕咚地喝了下去，喝完后满足地长嘘一口气。

"怎么感觉你跟渴死鬼投胎似的？"老苏一边说着一边给每个人发了一支烟，顺便介绍道，"这是小丁，我哥们，小丁，这是亮子！"

"亮子你好！"我点点头，举起了手中的啤酒杯。

"你好你好！"亮子也连忙倒满自己的酒杯举了起来。

接着大家便开始随意地边吃边聊，我心中急于想知道关于七匹狼的一些光辉事迹，但也不好意思直接问。好在都是一个地方出来的老乡，彼此之间说起那座小城发生的一些往事倒也有共同话题。

一会儿大家都喝得起兴，话题也渐渐放开来。我终于没忍住，假装很随意地对着老苏说道："老苏，之前你可是跟我说今天来的兄弟们都是有故事的人，也不给兄弟说道说道？"

老苏这个时候正仰着脖子把一杯啤酒灌了下去，放下杯子后有些狡黠地看了我一眼，然后点上一支烟，这才缓缓开口："亮子，给我这兄弟讲讲你们当年的辉煌往事呗！小丁听到你是七匹狼的崇拜得不得了……"

同时老苏笑得肩膀一抽一抽的。

我隐约觉得自己像是个追星少年被人鄙视了一般……不过此时从老苏口中确认了亮子就是当年那七匹狼里的第四匹狼，我便暂时顾不上去考虑被鄙视的事情，而是急忙重新打量审视起身边坐着的亮子来。

瘦高个，充满倦容的面孔，廉价的职业装，旧眼镜……我还是无法从亮子身上看出一丝曾经混过的人该有的犀利精悍来。

甚至，在老苏提到七匹狼的时候，亮子的嘴角微微牵动了一下，像是自嘲又像是有些不堪。

"对对，小丁我跟你说，这可是七匹狼里的第四匹狼，当年那可是'欺男霸女，无恶不作'……哼……哈哈哈……"一边的小北倒是来了劲，瞬间郭德纲附体，讲得眉飞色舞，笑得坛子脸不断抽搐。

亮子也被逗乐了，脸色轻松起来，抄起桌上的烟盒朝着小北丢过去："赶紧把你的嘴堵上！"

接着亮子转过头来对着我："小丁你别听他们瞎说，那都是小时候不懂事瞎玩呢。"脸上带着几分往事不堪回首的赧然。

"亮哥你谦虚了，在高中时候，七匹狼的大名可是如雷贯耳呢，兄弟我可是听过不少你们的传奇故事。"我一边把我和亮子面前的酒杯都倒满，一边充满期待地看着亮子。

这架势倒是让亮子显得更加不安了起来。

"兄弟，真没什么，真的就是那时候不懂事，现在想起来其实挺后悔的，如果不是那时候没好好学习，现在也不会是这个样子。"亮子脸上挂着苦笑，有些无奈地说道。

我愣了一下，随即意识到可能自己提到什么对方不想说的东西，真说起来，我跟他认识还不足一个小时呢。

"那什么，亮哥你要是有什么不方便说的，就当兄弟没问过，我先干了！"我举起杯先干为敬，算是对亮子表示歉意。

"没有没有……兄弟……"亮子急忙摆摆手表示自己并不介意，看着我干了随即也将面前的一杯酒端起来干了。

"兄弟，其实也没什么不能说的，只是都是些幼稚的事情，也让我感到后悔，你想听我就给你讲讲，也算是作为过来人给你的一点启示。"亮子点起一支烟，脸色异常认真地开始讲他过去的事情。

亮子当初的确是七匹狼中的第四匹狼。当时七匹狼的老大有个在县刑警队上班的哥哥，所以社会上那些大大小小的混混在遇到七匹狼的时候，都会给几分面子，这也是为什么作为一个学生混混组织，七匹狼能有那么大名声的原因。

只是说到底，这也不过是七个中学生在一起瞎玩闹罢了。所做的跟别的中学生混混没什么两样，无非是经常逃课打架泡妞，最出格也就是跟学生们收点儿保护费。不过因为七匹狼的老大认识不少社会上的混混，所以不免跟这些人有些应酬来往，有时候跨校去打个架什么的。所以在这小县城的每一所中学都流传着七匹狼的故事。

至于什么少林寺练过武、成员都是富二代官二代、每人配一辆摩托……这些传闻就几乎都是捕风捉影了。他们七个人中的确有几个家境不错，但也有农村里来的孩子。七匹狼的老大偶尔会把家里的摩托偷偷骑出来兜兜风，结果在传播的过程中就被夸大成了七匹狼的成员每人都拥有一辆摩托。

了解到上面这些信息以后，我觉得我高中时候的大部分幻想都破灭了，七匹狼再也不是我心目中的冷酷形象，还原成了一帮不好好学习的小屁孩。

而接下来亮子告诉我的，才是他真正想说的重点。

五中是县里唯一的重点中学，当地的学生挤破头都想考上五中，如果能进入五中的重点班，那就基本上算是半只脚踏入大学的门槛了。能进入五中的学生，要么是中考时候成绩优异，要么是家里有关系。

亮子上的是五中重点班，靠的是自己优异的成绩。而这也在相当长的一段时间内，都是亮子父亲心中的骄傲。

在分配宿舍的时候，通常是按照班级来分的，一个宿舍住八个人，不过哪个班也不会正好男生人数就是八的倍数，作为多余出来的那个零头之一，亮子被分配在了另外几个班的零头拼凑起来的混合宿舍里。

因为是零头拼起来，所以并没有凑够满员八人，而是只有七个人。七匹狼的七位成员就这样颇有点历史性意味地在这个混合宿舍聚齐了。

亮子来自这个县的乡下农村，中考是他人生中第一次进城。正式进入五中以后，刚开始亮子还怀着一丝自己是个尖子生的骄傲，但很快就发现，能够跟他坐在一个班里，大家也都不是吃素的，都是各个地方的尖子生，亮子的成绩在班里只能算中等。

唯一的一点骄傲破灭之后，亮子很快就陷入了彻底的自卑之中。

当时网络已经兴起，那些城里的同学家里大部分都已经装上了电脑，而亮子是在电教课上面对着装着Windows98、开机需要五分钟的老旧机器第一次认识了电脑。尽管如此亮子还是兴奋地用上面的金山打字通笨拙地练习了半天。

而其他同学却是纷纷抱怨学校太抠门了，干脆直接每人面前放个算盘岂不是更节约！很快亮子就发现了城里更多的好东西，游戏厅、KTV、台球馆、网吧、溜冰场……还有那些漂亮洋气的女同学。对于当时的亮子来说，他不是刘姥姥进大观园，他是刘姥姥带的板儿。

在这座亮子看来繁华无比的城市里，亮子第一次意识到原来自己是如此的卑微和土鳖。

认识七匹狼的老大，是亮子高中生涯的转折点。

当时分配到一个宿舍以后，有个嚣张的家伙说："兄弟们聚在一起就是有缘啊，以后就都是自家兄弟了，有福同享有难同当！"

接着跟每个人问了生日之后排了次序。那个嚣张的家伙排老大，亮子则排老四。而后来有一次晚自习后去水房打热水，亮子宿舍的一个兄弟跟别人起了冲突，被对方摁在地上暴打一顿。

回到宿舍以后，老大看到这副样子，简单问清楚情况以后，手一挥说："走，老子要他一个星期起不来床！"

后来那个打人者果然一个星期没能起床，因为亮子宿舍老大把一暖瓶开水全砸在了那人的脚面上。

这次事件以后，亮子宿舍对外正式以七匹狼的名义活动，很快名声传遍五中。而亮子也开始频繁地出入网吧、游戏厅，学会了抽烟，经常逃课。那时候网易的游戏《大话西游》正是如日中天，亮子他们七个人在游戏里建立的帮会在整个大区里都有名。

几乎大部分的时间，七个人都是泡在网吧里打游戏刷怪。亮子的成绩开始一落千丈，在高二的时候，被借着文理分科的调整，直接从重点班调去了普通班。那时候偶尔亮子也会感到特别的心慌，但是在兄弟们召唤的时候，还是选择逃课去网吧，或者去打架。

很快高中三年结束，高考结束后，七匹狼的兄弟七人在一家饭店喝得大醉，红着眼圈说做一生一世的兄弟。

"没想到，我们七个人再也没能聚在一起过。"说这话的时候，亮子微眯着眼睛深吸了一口烟。

七匹狼的老大通过家里的关系去广东读了一个三本；还有一个当年冬天去当了兵；有两个人选择了复读。亮子上了一个大专，剩下的两个人则就此告别学生生涯，外出打工。

我有些愕然，没想到当年声名赫赫的七匹狼，最后以这样的结局散场。

"高考失败以后，每天面对着父亲失望的眼神和村里人的鄙夷，那段时间我真的感到快疯了，只想赶紧逃离当时的处境，所以稀里糊涂就上了一个大专，也没什么选专业的意识，这不，现在只能找到这种上门推销的活。"亮子自嘲地笑了笑。

我一时语塞，不知道该说什么。

亮子又点燃一支烟，继续说道："还有一个兄弟，高中毕业后第二年，就在老家结了婚，现在已经有两个孩子了，靠种地为生，而另一个兄弟现在是装潢工，每天出去给人打工，给高楼外墙上滚涂料。

"而原本他们，都是有机会上一本的，如果不是当初那样折腾，耽误了自己的学业的话。人生从来就没什么公平可言，如果你已经输在起跑线上，那么所谓的年少轻狂，就是给自己的未来自掘坟墓。

"与他人相比，每个人的起跑线都不一样，但是与自己相比，命运又是公平的，在该拼命的时候选择了退缩，那就只能用日后加倍的艰辛来偿还。"

亮子猛地灌下一杯酒，眼圈变得有些发红。

我的世界你曾来过

我们往往在最不懂珍惜的年纪付出了最纯真的感情,在明白真情可贵的时候,却再难以找到像当初那样用心的那个人。

每一个走进你世界的人都应该被珍惜,既然接纳了,就不要轻易地放弃。不要轻易走进别人的世界,既然走进了,希望你别只是路过。

我希望每一个用力去爱的人都能拥有一个温暖的结局,终有一个人出现来结束你的孤独,终有一个人懂得你的好,来到你的世界驻留,然后便不再离去。

1

舰长不是任何军舰的舰长,他是我们大学时候的宿舍长。

大学入学的时候，舰长第一个到达，在稀里糊涂填了一张表以后，便被任命为201宿舍的舍长。而后到来的各位成员对此并无异议，表示积极拥护，并且根据舰长名字里的一个"舰"字，结合他的职务，亲切地称他为舰长。

其实"舰长"只是我们对外的官方称呼，在宿舍内部，我们大部分时候称他为贱人。

那时候我们都对大学生活充满向往，觉得大学就是一个有着无数白花花的姑娘等着你去泡的场所。等到入学以后，我们才发现，白花花的姑娘是不少，但是都被学长泡走了。

于是我们就只能等待自己变成学长的一天。

泡不到妹子的日子异常难熬，大家都精力旺盛的无处发泄。舰长就是在这个时候开始了健身，每天在床铺上做俯卧撑，随着身子的起伏，床板发出有节奏的吱吱声，伴着舰长的喘息，异常暧昧。练完以后舰长就穿着裤衩站在宿舍中央，用力屈伸着手臂给我们展示肌肉。

除了晚上在床铺上的健身项目，舰长还每天去操场打篮球，虽然以他的身高实在不是很适合这项运动，但舰长乐此不疲，几个月过后晒得全身油黑发亮。舰长更加得意，觉得自己跟古天乐似的。

但我们宿舍全体一致觉得晒黑以后的舰长像个越南人。舰长有一件花半袖衬衫，我们一致觉得配合他的肤色，穿上以后像个金三角贩毒的。

我问过舰长为什么如此卖力地健身，舰长表示，要为迎接即将到来的学妹储备一副好身体！

就这样在大家殷切的盼望中，大二终于到来，学妹的脚步近了。

大家都摩拳擦掌准备去各个新生报到的办事窗口蹲点，打算一有漂亮学妹出现就冲上去扛行李。就连男生楼的宿管大妈也已经站在楼门口准备鉴赏新来的小鲜肉们。

也有一部分人积极开动经济头脑，打算在学弟学妹们身上发点小财，卖点儿暖水瓶脸盆晾衣架之类的。这其中又以我们工商管理系的人居多。

我们当时学的是工商企业管理，大一时候带我们物流管理课的老师是一个愤青模样的家伙，天天跟我们鼓吹什么大学生要趁早创业，从校园开始就不能虚度自己的人生……其实这家伙的真实目的是忽悠我们跟他去卖手机卡。

那个时代每年新生开学的时候，移动、联通、电信三大运营商就要进校园给新生兜售手机卡。到了开学季，同时开学的学校太多，实在忙不过来，有的运营商就会选择跟学校里的一些老师合作，让他们帮忙在校园里找一些学生来推销这些手机卡。这样做是不是违反校规我不知道，不过我们那个物流管理老师确实是跟联通进行合作，在我们学校代理销售新生校园手机卡。

我那时候被这个老师洗脑成功，准备跟着他大赚一笔，同时把舰长也拖着一起干。

于是新生报到那天，我和舰长就在校园里联通搭的篷子下面支着一个摊位，各自穿着一件印着"精彩在沃"的黄T恤，对过往的新生兜售联通校园卡。卖一张卡我们能得到十块钱的提成。

当时我们手里握着一摞手机卡觉得这简直就是握着一摞钞票。结果整整一上午，只卖出去两张，连午饭的钱都没赚回来。

下午的时候我对舰长说："这样不行啊，我们得主动出击，积极开展业务，引导那些学弟学妹们过来办卡！"

舰长表示同意，于是两人约定轮流出去拉客，只留一个人守着摊儿。先是舰长出去拉客，我守摊儿。舰长抱着一摞传单直奔新生报到点，而我则在摊位上卖力地吆喝着："走过路过的瞧一瞧看一看，校园卡优惠办，充五十送一百，班级互打免费，校内互打一分钟只要两分钱……"

到晚一些的时候新生已经大都办完入学流程，开始有时间闲逛，购置一些必需品，这个时候上来办卡的渐渐多了起来，我一个人都有些忙不过来，舰长却一直没有出现。

一直快到晚饭点的时候，舰长满头大汗地出现在我的面前。手上的传单已经都不见了，身后多了一个怯生生的长发大眼睛的娇小姑娘。

舰长上前将两张身份证拍在桌上："小丁，来两张卡，要连号的，要号码吉祥点的！"

我有些诧异，怎么这家伙突然之间就霸道总裁附体了。接过身份证一看，其中有一张是舰长自己的，另外一张是一个小姑娘的，然后抬头就看见舰长向我挤眉弄眼。

我看着那个站在舰长身后五步之外娇小动人的姑娘，秒懂了舰长的意思，悄悄地向他竖个大拇指，然后迅速复印证件，选了两张号码连着且念起来比较顺，不带4、7的卡递给舰长。

然后舰长再次发话："再拿两百块钱！"

我很配合地递过去两百，舰长潇洒地揣进兜里，转身带着姑娘飘然离去。

晚上九点多的时候，舰长回到宿舍，一脸春光满面。然后我们全体围了上去，先是表达了对舰长的景仰之情，不愧是201宿舍的领导人，在大家都没有斩获的情况下成功泡到了学妹，接着强烈要求舰长讲述如何勾搭学妹成功的细节，推广一下成功经验。

舰长淡定地说："那姑娘是我小学语文老师的女儿。"

我们先是恍然大悟，然后纷纷表示，果然是贱人，禽兽不如啊，连老师的女儿都不放过！

从那以后，晚上熄灯前我们很难见到舰长。但我们却时刻关注着舰长的动向，在学校餐厅、操场、校外的公共草坪这些场所都曾发现过舰长和那个娇小姑娘的身影。

两个星期后的一个晚上,熄灯以后的舰长在床上翻来覆去,最后终于忍不住捅了捅邻铺的我:"小丁,你睡了吗?"

然后我们就听见所有的床板都响了起来,大家都侧身朝向了我们这边。

"舰长,啥情况?"

黑暗中我都能感受到大家的热忱。

"靠!"舰长吓了一跳。

其实大家早就察觉到了舰长今晚的异常,都憋着不点破,熄灯后一个个都装睡,终于等到舰长自己憋不住。

"我要跟周晓静表白!"舰长从床上坐了起来,异常坚决地说道。

周晓静就是那个舰长小学语文老师的女儿,小学时就是舰长的学妹,到大学又变成了舰长的学妹。

于是接下来整个宿舍进入会议模式,研讨用什么样的方式表白才能拿下周晓静。

研讨的结果是,舰长今天晚上不能睡了,得假装失眠,每隔一个小时,在整点的时候准时向周晓静发一条短信进行表白。由于周晓静晚上十点以后就关手机睡觉,这样第二天早上醒来开机,就会受到舰长表白短信的轰炸,趁着她刚睡醒的时候意志薄弱,这样一举拿下。而且一看短信时间，就会明白舰长是彻夜未眠，更加显得诚心。

而我作为舰长表白的内容总监兼文学顾问，被要求和舰长一起同甘共苦，全程提供服务，以保证表白短信的最大可读性。

一开始我还兴致勃勃，陪着舰长想各种肉麻的段子，各种假装深情，十二点过后实在困得顶不住，跟舰长说："你先扛着，我眯会儿，想不出来短信的时候叫醒问我就行。"

手机屏幕的亮光映在舰长脸上有些白里透青，我也没管舰长是不是听见了，倒头睡去。第二天早上醒来抬头一看，舰长的床上已经没人了。问其他人，得知舰长一早就离开，不知去向。

2

那天以后，周晓静正式变成了舰长的女朋友。

舰长每天领着周晓静招摇过市，遇到我们宿舍人的时候更是会把周晓静的手牵起来，大声地跟我们打招呼。

以前舰长是我们宿舍打水的主力，自从跟周晓静好了以后，就很难见到他人，我们不得不实施轮流打水制。与此相对应的是，我们在开水房总能遇到手里拎着四只暖水瓶、身旁依偎着周晓静的舰长。

舰长打篮球也更加卖力了，在场上左冲右突，格外勇猛，即使不下心摔倒，也要在地上乘势做两个俯卧撑才站起来，有时候还会光着膀子，一身带着汗水的黝黑肌肉在阳光下闪闪发亮。

这种时候，周晓静就会捧着舰长衣服安静乖巧地在场边等候。

大概舰长和周晓静好上将近两个月之后的一天晚上，熄灯以后舰长还没有回来。这个时候宿管大妈已经要锁楼门了。

我们宿舍全体兴奋起来，莫非今宵正是舰长要把自己交出去的良辰吉日？

等到确认楼管大妈将楼门锁上，舰长依旧未归。那时候我们对舰长的幸福生活纷纷表示嫉妒，而且非常闲得蛋疼地在私下打赌，赌舰长什么时候能够突破最后一道防线，带着周晓静去开房。

谁猜的时间最接近谁胜出，赌注是胜出者可以一周内不用去打水。

我猜的是两个星期，有人猜三个月，有人猜四十五天。

我已经果断出局，胜者将在猜四十五天的和猜三个月之间决出，目前来看，猜四十五天的赢面要更大一些。

本来我打算给舰长打个电话确认一下，万一是在外面有事耽搁了，我们得去求宿管大妈帮他开门去。但是我的好心被大家劝住了，说这种时候一定要稳住，千万不能坏了舰长的大事。

于是大家只能等着第二天早上舰长回来确认结果。第二天早上舰长没有回来，大家都在想是不是纵欲过度起不来床了，这个时候志峰慢悠悠地说："今天是周六。"

一直到周一晚上熄灯的时候，我们才得以重新见到舰长。舰长破天荒地没有健身早早就睡下，我们把他拽了起来，逼问他到底得手没。

面对我们的逼问，舰长只是悠然吐出两个字："拿下！"
然后大家继续追问，最终获知了许多细节。

周五那天晚上，舰长先是带着周晓静在学校外面各种逛，尽量往远了走，吃各种小吃，逛各种衣服店，最后实在是没地方可逛了就在学校附近的汾河边吹风，在桥上来回晃荡，终于成功晃荡到学校大门关闭，宿舍楼门已经锁上。

这个时候舰长就对周晓静表示，你看，现在回去学校的话一定会惊动门卫和宿管大妈，没准还来个记过处分之类的，影响以后毕业，我们还是在外面找个地方凑合一晚上吧。

这就是舰长带周晓静开房的经历，我们听完以后表示实在没有创意，不过胜在实用，值得推广。后来宿舍谈恋爱的人越来越多，到了周末的时候都夜不归宿，只留下我和另一个大胖子两个人辗转难眠。

大胖子身高一米八三，体重两百，爱好是看网络小说。曾经创下四十八个小时不起床的纪录,只在饭点的时候才趴在床头扒拉两口我们帮他带回来的饭。此外除了上厕所绝不离开床,因此获得了一个"觉皇"的称号。

有一次周末晚上我俩实在无聊,琢磨着那些出去开房的家伙应该也上床了,就拿着手机挨个儿打电话骚扰,响几声就挂断。

大三那年春末夏初的时候,有一天晚上大家正在宿舍里打扑克,突然桌子剧烈晃了一下,然后一桌人互相指责是对方干的。

这时候门外走廊里传来轰隆隆的声音,我高兴地扔下牌说,一定是外面有人打架。起身开门一看,楼道里全是人,大家都在往楼梯方向跑。

我说:"我操,这么大阵势,这是打群架的节奏。"

其他人也扔下牌,表示正好到了打水的时间,顺便围观一下别人打群架。于是我们难得地全体出发,每人拎着一个暖水瓶慢悠悠地出了门。

等我们出门的时候,依旧不断有人从楼上跑下来。大家都感叹,这架也打得太大了吧。

由于我们住在二楼,倒也没有太费力气下楼,楼下就是操场,出了门我们才发现操场里黑压压一片全是人,而且许多人是光着膀子,还有人光穿一条秋裤,有的人脚边放着行李箱,有的人手上提着笔记本电脑。不只有男生,女生们穿着各种好看的睡衣也站在操场中。

我们宿舍的人一边向着水房前进,一边欣赏着经过的穿着睡衣的漂亮女生,同时还在感叹,这到底是出什么大事了,搞得一副兵荒马乱的架势。

一直到打完水,我们还在感叹今天运气好,开水房没人不用排队,等走回到宿舍楼下的时候,隔壁宿舍的老苏跳出来把我们拦住。

当时老苏下身穿一条短裤,上身光着膀子,手上抱着一个笔记本,黑着脸把我们拦住说:"你们不要命了!"

等老苏解释完我们才明白过来,大家都聚在操场不是打群架,是地震了!

我们这才恍然大悟,原来谁也没有踢桌子,那个时候正在地震。

舰长扔下暖水瓶就往周晓静宿舍楼的方向跑去。

其他人的女朋友都不是本校的,纷纷拿出手机打电话询问情况。结果通信中断,电话根本打不出去。我们这才慌乱起来。

当时天气将热未热,晚上还是能感到丝丝凉意,不过也没人敢回宿舍去添衣服,只能坐在操场边上看着那些穿着睡衣的漂亮女生打发时间。

刚开始气氛还有点紧张,大家都在担心着会不会猛地再震一下，旁边的宿舍楼就全塌下来，过了一个小时以后发现没动静，也都渐渐放松起来。有的人打开笔记本在操场看起了电影，不少女生依偎在赶过来的男朋友怀里，场面竟然一时间变得有些其乐融融。

渐渐开始有人壮着胆子回到宿舍找几件衣服御寒，顺便把自己的贵重财产拿出来，甚至还有不少人把被子扛了出来，最土豪的一部分人则是拿出了平时出去玩的时候用的简易帐篷在操场里撑了起来，里面点着充电式小台灯，跟女朋友一起钻进去，让人无比向往。

一直闹腾到半夜的时候，我们实在困得受不了，琢磨着这地震应该也不会再震了，还是回去睡觉吧，于是冒着生命危险返回了宿舍。

除了舰长没有回宿舍，不过我们注意到舰长床铺上的被褥和床垫子都不见了，只留下了一张光床板。那天晚上许多人没有回宿舍，就在操场上熬到了天亮。

操场上到处是撑起的帐篷和铺着床垫被褥打成的露天地铺。

于是这一次地震事件就变成了一次集体露营，不少像舰长这样的人就搂着女朋友在操场上度过了一个难忘之夜。不知道许多年以后还会不会有人想起那个晚上和自己一起相拥度过的人。

后来我们听说那天晚上理工大有个家伙从三楼跳了下去，全身多处重度骨折。

3

毕业那年夏天，大家都找到了工作，散落在这个城市的各个角落。而我则回老家开店。

有一次在宿舍 QQ 群里聊天，大家诉说着彼此的近况。

我说："我老家这小地方连个漂亮姑娘都见不到，每天闲得蛋疼，心里荒得长草。"

伟哥的信息跳了出来："我租的房出门一条街全是红灯区，一到晚上出门满街晃动的都是白花花的大腿，妹子们都细腰长腿大胸，非常正点！小丁你啥时候回来我请你去爽一把！"

紧接着是舰长的消息："我跟伟哥的情况差不多，隔壁住了一群楼凤，每天迎来送往，有时候还能隔着玻璃看到她们洗澡。哎呀，真是酸爽得不行，我得回学校一趟，找周晓静败败火去。"

…………

于是身在老家的我，无比怀念起宿舍里的那些家伙来，怀念我们的大学时光。那时候的时光简单而美好，拥有一个女朋友就是拥有了全世界，当然，失去一个女朋友也等于失去了全世界。所有人都过着没心没肺的生活，最好的状况也不过是身边有一个女朋友陪着一起没心没肺。

那年秋天即将冬天的时候我将店转让，去太原找工作。

那时候大家都已经工作稳定下来，在这座城市里各自为战，偶尔小聚一次。大家过得都安好，都在为了事业打拼着，虽说生活有些平淡，但却并不乏味。

第二年秋天的时候，有一天我突然接到舰长的电话："小丁，我要结婚了，你们到时候都来啊！"

我说："没想到你这万里长征还真他妈的胜利到达陕北了，出息了啊！咱们宿舍第一个修成正果的。啥时候办事，时间定好没？"

舰长说："还没定好呢，不过已经跟周晓静说好了，回头就双方家长见面敲定这件事。"

于是我又说了几句恭喜恭喜，到时候一定去之类的废话。挂掉电话以后我就开始琢磨自己最近的财务状况，看看怎么能把份子钱省出来。

又过了一个月，舰长突然打来电话，我当时看着手机屏幕上舰长的名字，心里第一反应是，份子钱还没省出来呢！

我接起了电话，舰长的声音传了出来："小丁，我不结婚了，她跟着别人跑了。"

我一惊，差点把手机扔地上，赶紧问他到底是怎么回事。

但是舰长不再说话了，电话里隐隐约约传来他的哭声，一会儿电话挂断了。

我回拨过去，响了几声以后被挂断。我给宿舍其他人打电话，大家都说接到了舰长电话，但是谁也不知道具体发生了什么。

两天后，我接到伟哥的电话，是宿舍全员召集令，说大家聚一聚吧。

饭桌上，舰长断断续续地告诉了我们事情的经过。

周晓静毕业以后，就和舰长搬到一起住。周晓静一直找不到合适的工作，一直在家待着，好在那个时候舰长的工作蒸蒸日上，两人的生活倒是不成问题。

一个月前，周晓静跟舰长说要回家待一段时间。舰长问她怎么突然要回家，周晓静就说，咱们在一起也这么久了，我看还是回去跟家里人说说，咱们结婚吧。

于是舰长欢天喜地帮周晓静收拾行李，还给周晓静家里长辈都买了礼物。

送走周晓静后，舰长就告诉了我们他要结婚的好消息。接下来的日子，便每天等着周晓静那边的消息。

刚开始两人还每天都保持着联系，后来便渐渐少了起来，再后来有一天舰长打过去电话，发现变成空号了。

QQ、微信也都全部不回复。

舰长慌了起来，但也无计可施，只希望是有什么突发情况，也许过两天就联系上了。

又过了一个星期，舰长才意识到问题可能有点严重，打开电脑查周晓静的 QQ 聊天记录，渐渐发现了一些蛛丝马迹。

原来很早周晓静的姐姐就给周晓静介绍了一个男的，是天津人，有房有车，三十多岁。舰长在 QQ 里找到了周晓静与那个男人的聊天记录，这才明白，周晓静回家去商量结婚的事情不假，不过不是跟他结，而是跟那个天津的男人。

那天晚上大家一直喝到饭店打烊，然后又转战到一家 KTV 继续喝。喝多了就吐，吐完回来继续喝。

我们唱着《江南 style》跳着骑马舞，唱着《最炫民族风》做各种奇怪动作，努力逗舰长开心。

舰长唱着徐誉滕的《做我老婆好不好》，唱到"如果明天的路你不知道该往哪儿走，就留在我身边做我老婆好不好，我不够宽阔的臂膀也会是你的，温暖怀抱……"的时候，眼泪不断地掉下来。

一年以后我去了北京工作，没办法再跟宿舍这帮人聚会喝酒，不过大家经常在群里一起聊天打屁。

舰长又找了个女朋友，我在离开太原前曾经见过一面，长相甜美乖巧，是舰长喜欢的类型。

我盼望着有一天手机响起，然后舰长的声音传出来说："小丁，我要结婚了，你们到时候都来啊！"

我一定会说："好啊，他娘的，你这万里长征终于胜利到达陕北了！虽然不是咱们宿舍第一个修成正果的，但还是够出息的！"

有些故事还没讲完那就算了吧

早上路小佳从长长的梦境中挣脱出来,半睡半醒,习惯性摸过手机来看一眼,有一条微信信息。

点开,是一个高中同学发来的聊天截图。内容跟路小佳高中时候的女朋友有关。有人在群里问:张妍结婚了吗?有人在下面回答,孩子都几个月了。

路小佳当时迷迷糊糊的,急着睡回笼觉,给同学回了一个字:哈!

第二次睁开眼睛,路小佳觉得终于彻底醒了过来,身体轻快了许多,再次把手机摸过来,手指在屏幕上滑动解锁,手机依旧停留在先前的微信聊天界面。

路小佳重新点开同学发过来的截图。他盯着屏幕上的信息看了一会儿,点了退出,把手机放在一边,很快又拿起,再次点开那张聊天截图。

久违了啊，这个曾经最熟悉的名字。

路小佳回想着上一次见到张妍的情景。

那是他们高中毕业之后的第二年，大部分同学都还在上大学，那年寒假有人组织了一次高中班里的同学聚会。

那天路小佳心情复杂，担心去参加聚会遇到张妍会尴尬，但是内心深处，他其实还是想再次见到张妍的。路小佳不想去参加聚会的另外一个原因是，当初他跟张妍大张旗鼓地谈恋爱，是班里最引人注目的一对，没想到一毕业就立刻分手，这让路小佳觉得不知道该如何面对昔日的同学们。

最终路小佳还是决定去参加这次同学聚会，他给自己的理由是，另外几个好哥们会去，自己至少该去见见他们。

聚会流程先是聚餐，之后再一起去唱歌。

聚餐开始的时候，张妍并没有出现，这让路小佳松了一口气，同时又略微有些失落。也没有人提起路小佳跟张妍的往事，看来两年的时间足够冲淡很多事情，更何况大家对于自身以外的事情并没有真的很关心。

全班人占据了饭店的半个大厅，路小佳跟自己的几个好哥们坐在一桌，在人群中大声谈笑着，聊着一些过去的事情和各自的近况。每一桌上都放着一瓶白酒，一开始路小佳不打算喝酒，担心喝多了有什么意外情况发生，但聊着聊着兴头上来了，觉得能有什么意外，再说跟自己一桌还有这么多好哥们呢，喝！

就在路小佳刚刚开始跟一桌的同学们推杯换盏的时候，周坤和张妍牵着手出现在大厅中。

张妍留起了及腰的长发，穿着一件白色的长风衣，黑色的靴子，脸上看着似乎胖了一些，成熟了一些。

曾经的张妍是齐耳的短发，短夹克，牛仔裤，跟《海贼王》里第一次遇到路飞时候的娜美一样张扬跳脱。

路小佳想过很多次和张妍重逢的情景，比如在他们上大学的同一座城市街头偶遇，比如在回家的车站正好同乘一班车。只是这些都没有发生，他们上大学的那座城市并不大，但也足够两个人彼此消失在对方的世界里。

很快就有人站起来招呼周坤和张妍入座，张妍被几个女生拉走，而周坤则向着路小佳他们这一桌走来。

路小佳、张妍、周坤，他们都是同一个班的。

周坤长得帅又会打篮球，会跳街舞会唱歌，讲得了笑话耍得了宝，高中时候身边经常围着一票女生。而周坤也绝对不是坐怀不乱的柳下惠，在花丛中游刃有余，跟许多女生都暧昧不清。

但是当初周坤跟张妍却是一个例外。周坤一直充当着张妍邻家大哥的角色，像呵护自己的妹妹一样呵护着张妍。

张妍恋爱的时候，周坤就默默守在一边，也不去打扰，只在她受到委屈的时候才会去安慰她，有时候还会去找张妍的男朋友理论理论。张妍失恋的时候，周坤陪着她度过最难熬的时候，带着她吃各种好吃的，带着她去疯玩。一直等到张妍开始下一段恋情，周坤再次变成默默的守护者。

那个时候"备胎"这个词还没开始流行，而即使是那时候已经有这个词，大家也不会觉得周坤会跟备胎这两个字扯上关系。

原因很简单，大家都相信如果周坤真的对张妍有所企图的话，根本不屑于用这样的方式来接近。王子要接近公主当然是光明正大就好，并不需要扮作马车夫。

反过来，张妍对周坤的感觉也是一样。

于是周坤和张妍便作为一段男女之间纯洁相处的佳话在一中广为流传。

路小佳看着依旧长袖善舞、频频跟同学们打着招呼走过来的周坤，心底发出一声冷笑。装了三年的"蓝颜知己"，最后还不是跟张妍走在了一起。

周坤跟路小佳微笑致意，并没有表现出任何的不同，好像路小佳也只是一个普通的昔日同学，而非自己现在女朋友的前任，最后周坤甚至在路小佳左首坐了下来。

路小佳努力做出一副不动声色的样子，跟周坤打过招呼，然后便自然地举起酒杯，招呼大家一起举杯。大家彼此交流着现在的大学生活，回忆着过去一起逃课去泡网吧的日子。其实这些"过去的日子"并没有过去多久，他们高中毕业还不到两年。

年轻时候就是这样，迫不及待地做出一副历经沧桑的样子。

路小佳也跟大家随口敷衍着，不时发出附和的大笑声，然后便是大家频频举杯。喝完一口杯白酒，路小佳觉得身体有些飘起来，思维也活跃了许多。看着一起欢聚的同学们，路小佳突然间热血上涌。

毕竟有缘同学一场，而且是最美好的中学时代，这是何等的难得，今日重聚，自然应该放开了尽兴，自己过去那点感情挫折算屁啊，都翻篇了！

路小佳再次倒满酒杯，跟同桌的人一起大声说笑，互相敬酒，甚至跟周坤互相搭着肩膀搂在一起，看上去像是一对亲密的兄弟。

整个大厅就他们这一桌气氛最为热烈。受到感染的其他桌的男生们也闹腾起来，先是跟路小佳他们这一桌隔空举杯，然后便是一个个过来敬酒，跟每一个人都碰杯，打通关。

跟男生敬完酒之后，每个人又转向了仅有的女生一桌。女生们大都用饮料代酒，男生们为了显示自己的豪气，依旧是举着白酒跟每个人碰杯。

很快就变成了全班的大联欢，大家彼此互相敬酒，互道祝福，还有人趁着酒劲跟自己喜欢的女生说出过去不敢开口的话。

路小佳端着酒杯环视四周,觉得眼前的一切都变得迷离起来,目光所及,每个人的动作都如同放慢了一般,所有的声音都仿佛直接在耳膜中响起。这是酒精上头的表现,路小佳却觉得自己此刻无比的清醒,他在人群中搜索着张妍的身影。

今天聚会来的人不少,但是男生占大多数,女生只坐了一桌。张妍坐在其中,安静地笑着,偶尔举起饮料杯跟过来敬酒的人碰个杯,说几句话。

这是分手后路小佳第一次见到张妍,他努力回想着张妍跟自己在一起时候的样子,却无论如何都无法将那个留着短发跳脱飞扬的女孩跟眼前这个长发及腰、娴静成熟的姑娘重合起来。

看来真是过去好久了。路小佳摇摇头,想着反正一切都已经结束了,大家也不必纠缠过去,以后见面就当是朋友吧。这个时候有人在路小佳肩膀上重重拍了一下。路小佳回头,是吴晓,他最好的兄弟。吴晓身后是冯志,也是他最好的兄弟。

吴晓说:"路小佳你是不是想上去跟张妍说话又不敢啊?"

路小佳有些慌乱地向着周坤所在的方向看了一眼,发现周坤正在跟另外一群人互相敬酒,并没有注意到他们。

路小佳点点头:"我本来打算去女生那桌敬酒的,但是必然要面对张妍,不知道该说什么好。"

"怕个毛!把她叫过来,咱哥几个跟她单独谈谈。事情都过去了,有啥不敢面对的!"冯志手一扬,差点摔倒,被吴晓扶住。

路小佳还在低头想着到底怎样做才妥当，冯志已经摇摇晃晃地走到了张妍身边。

冯志说，张妍你过来一下，我有话跟你说。

大厅里还有不少空桌，吴晓把路小佳拽到其中一张空桌旁坐下来，之后张妍便和冯志一起走过来坐下。

"要说什么，说吧。"张妍平静地说，脸上看不出丝毫的情绪。

路小佳感到一阵的失落，张妍如此的平静，只能说明在她心中已经对路小佳、对和路小佳往日的那一段感情彻底的不在乎。

无视便是最大的轻视，路小佳宁愿她翻脸拒绝冯志不过来跟他说话，或者表现出对他的怨恨，当然最好是失落、感伤这类型的情绪，都好过她现在这样完全的不在乎。

路小佳努力挤出一个风轻云淡的笑容，按照自己心中排练过的某一种语气，自觉洒脱地说："张妍，好久不见了。"

张妍嗯了一声，脸上依旧没有任何的情绪变化，甚至能够平静地看着路小佳的眼睛。

路小佳瞬间变得慌乱起来，不知道这场谈话该如何继续下去。

"都毕业这么久了，过去的事情就不要再放在心里了，大家以后还是好同学、好朋友，来干杯！"冯志大声嚷嚷着接过话茬，却是给路小佳解了围。

于是张妍举起手中的饮料杯,大家碰了一下。

事情到这一步总算顺利,路小佳心中松了一口气,不论是否完美,总算是两人分手后再次重逢,路小佳觉得以后终于可以坦然面对张妍了。

"我们把周坤也叫过来,大家一起喝杯酒,以前的事情就都让它过去吧。"冯志提议道。

路小佳犹豫一下,但并没有反对。

"周坤!周坤!"冯志冲着另外一边叫着,"过来一下!"

路小佳看着周坤把酒杯放在面前的桌上,推开身边的一个同学,快步向着他们这边走了过来。

"几个意思?你们不要太过分!"在距离路小佳还有十几步远的时候,周坤红着眼睛拿手指着路小佳几个骂道。

路小佳愣住了,他不明白周坤为什么突然间就爆发了起来。

"你他妈骂谁?"路小佳身后,吴晓一拍桌子站了起来。

"还在老子面前耍横是吧!"周坤向着吴晓扑了过去。

"都别激动啊,不是你想的那么回事!"路小佳着急地向着周坤解释,同时伸手把周坤拉住,避免他跟吴晓打起来。

没想到这一拉,周坤身子一个趔趄便向地上倒去,路小佳退一步想要扶住周坤,结果自己也随着周坤的身子一起倒下,两个人摔倒在地上。

在别的人看来,是路小佳抱着周坤把他摔倒在地上。

躺在地上的路小佳觉得天旋地转，周围传来女生的尖叫声，正在喝酒的男生们迅速赶过来，尖叫声混合脚步声和桌椅挪动的声音，场面一片混乱。

很快有人把周坤和路小佳扶起来，分别拉到一边。

"彪子，阿力，驴子，是兄弟就跟我一起上，老子今天要弄死他们！"周坤面目狰狞，大声叫着跟自己关系好的哥们的名字，同时抄起一张椅子冲了过来。

吴晓和冯志也大声骂着抄起了椅子，很快双方都被男生们隔离开来，冯志不知道怎么倒在了地上。

路小佳站在人群后怔怔地看着这一切，他不明白事情怎么会演变成这个样子，他真的只是想找张妍说句话而已。

班长过来跟路小佳说，你看现在变成这个样子，还不如你跟吴晓和冯志先离开，我们把周坤他们安顿好，过会儿大家酒醒了再会合。

路小佳六神无主，茫然地点点头，跟着班长走出饭店，在外面看到了被几个男生拉到一边的吴晓和冯志。

这个时候，周坤咆哮着从饭店门口冲出来，又被其他人拉了回去，班长催促路小佳他们赶紧离开。

路小佳茫然四顾，看到了刚才随着周坤一起出来，此时也要转身进饭店的张妍，于是快步走上前，拦在了张妍面前。

"怎么？想对我也动手？"张妍表情冷冷的，目光中是毫不掩饰的厌恶。

路小佳想说的话全哽在喉头,张妍绕开他快步走了进去。

有一个过去跟路小佳他们几个关系不错的同学过来把路小佳三人强拉硬劝离开了饭店门口,在附近找了一家宾馆开了房间。

冯志大吐一通之后躺在床上睡着,路小佳和吴晓抽着烟聊天,不多时也昏昏沉沉地睡去。

醒来的时候已经是晚上,三个人商量以后并没有再去找班里的人。第二天各自散去。

此刻路小佳这条手机上的截图信息是他们高中同学的班级群的聊天信息。那次差点以打起来而结束的聚会之后,路小佳再也不参加任何班级集体活动,除了几个关系不错的,跟大部分的高中同学也断了联系,所以路小佳并不在这个班级群里。

其实事情早已过去许多年,当初的争执现在看来幼稚可笑,路小佳早已不放在心上,只是这些年路小佳对于任何集体活动的参与热度都已经淡去。反正当年要好的同学也就那么几个,毕业后也一直保持着联系,跟其他人多时未见,再见面只会显得疏离,还要刻意说一些不冷场的废话,过后大家依旧各自过各自的,过去没有交集的,并不会因为一次聚会就变得有多亲近。

要不是同学发过来这张截图，路小佳很难想起这些陈年旧事了。其实后来路小佳也从别人口中听说过张妍的一些消息，知道她结婚了，新郎并不是周坤。

这些年过去，路小佳后来也谈过几个女朋友，都没能走到最后，如今还是单身一人。他本来以为任何关于张妍的消息都不会让他有所触动，没想到在这个周末的早晨，竟然会因为一条聊天信息回想起如此多的往事。

曾经路小佳以为自己会很早结婚，到现在这个年龄，孩子都该上幼儿园了。没想到如今早已过了晚婚晚育的年龄，却依旧单身一人，结婚眼看遥遥无期。路小佳幻想过自己结婚后的生活，每个阶段都有所不同，根据自己当时的状态去幻想婚后的日子。现在他已经想不出来了。

而那些曾经跟他在一起的女孩们，如今也各自散落在天涯，不知道她们现在都怎么样了？

路小佳把手机放下，开始努力地回想着他跟张妍在一起时候的情景。

路小佳想起大风雪中去她家楼下站着的那个晚上，当时觉得能在楼下向着她的窗口看一眼，知道自己爱的人正在那里安然入睡，就会无比的安心。

路小佳想起送张妍回家后在她家楼道里激烈拥吻，听到她妈妈开门，像兔子一样飞奔下楼去。

路小佳想起张妍生日宴会上，他跟学校那些追求张妍的混混们一口一杯白酒拼酒的情景。

路小佳想起每次他逃课打游戏回来，顾不上吃饭，张妍都在他课桌抽屉里塞各种零食。

路小佳想起毕业的时候，他骑着自行车载着张妍骑行十几公里去城外的山沟里拍照片。

路小佳想起张妍跟他提出分手的时候，他一个人身在陌生城市的街头，抱着自己的哥们放声大哭。

这些片段还历历在目，但也仅仅是片段而已，路小佳无法想起他们在一起的一些连续的情景，无法想起那些日常的相处。能留在记忆中的只是那些如同烟花一样灿烂的瞬间。

任凭路小佳如何努力，还是有很多事情想不起来了，比如路小佳记得他跟张妍是同桌，却想不起他们是如何成为同桌的，能想起来的，就是他们已经是同桌后的情景了。

路小佳突然无法抑制地伤感起来，曾经他以为会一起走一生一世的姑娘，很快就分离，曾经他以为永远都不会忘记的事情，许多细节已经无法想起，只留下一个模糊的印象，也在日益消散，终究会离他远去。

大概跟她永远不会有和解的机会了。

但是如今她嫁人了,已经生了孩子。无论他们以后的人生还有什么样的际遇,还有没有相逢的机会,他们都能各自很好地生活下去。那些过去既然消散了,那就让它散了吧。

许久路小佳拿起手机,跟同学回复道:她结婚了啊,已经生孩子了啊。这很好,真的很好。

如果你曾奋不顾身爱上一个人

有人说,爱上一个人,就是给了对方伤害自己的权利,就是把自己的世界毫无保留地敞开给对方,任由对方长驱直入,肆意地在自己的世界里留下痕迹。也有人说,恋爱就是一场攻城拔寨,谁先动了真感情谁就先乱了阵脚,最终在这场较量之中落得一败涂地。

我希望爱情不是一场硝烟弥漫,而是一场你情我愿。没有精心算计,我可以肆无忌惮地对你好,而不必担心你会因此对我看轻;我可以奋不顾身地去爱你,不去计较我的爱是否能得到你的回应。

1

老张是我认识的唯一一个情圣。情圣的意思就是经常会被爱情折腾得死去活来、还死不悔改的那种人。

我和老张认识是在高二第一学期的时候,那时候文理科分班,我和老张双双从原来的理科重点班调整到了文科班。不过我们并没有分到同一个班,而是门对门的两个班里。文理科分班的时候宿舍进行调整,我不愿意继续住校,就去学校后面租房住,在找房子的过程中遇到了老张。两人一拍即合,一起合租了一个教师宿舍楼的地下室。

当时的一中,文科班就是各种差生、混混还有一些自诩文艺青年,但事实上只是看了一些郭敬明语录的家伙们聚集在一起的地方。用我当时班主任的话来说,你们这帮人不是文科特长,而是理科特不长。

学校也乐得这些家伙聚集在一起自生自灭,把这些人渣剔除,留下那些规规矩矩的好学生正好能够好好学习,努力升学为校争光。

我们这一届一共三个文科班,汇集了这一届学生的各路牛鬼蛇神。有已经承包了校门口一个迪厅的大混混;有每天玩摇滚、跳街舞的乐队组合成员;有一时兴起半夜离开学校独自流浪徒步去西藏,最后被正副校长和家长一起在半路上找到已经沦为乞丐的问题少年。

还有一个纯女性混混组织,叫作七里香。

有一天半夜里,老张突然把我推醒,然后严肃地跟我说:"小丁,我爱上了一个姑娘。"

说这话的时候,老张神色庄重,就像是在教堂里面对着神父说"我愿意"一样认真。

我努力揉着眼睛,接过老张递过来的烟,说:"那就上呗!"

老张眼睛瞪大,大声叫道:"不许这么轻浮地说她!"

我瞬间睡意全无,认真地看着老张的表情,然后我就明白,完了,这小子看来是真的陷进去了。

我装作镇定地将烟点燃,深吸一口,才随意地问道:"谁啊?"

老张这时候反而扭捏了起来,目光闪烁半天以后,才小心而又庄重地反问我:"七里香你知道吧?"

我手一抖烟灰直接落在了枕头上,接着手忙脚乱地抓起枕巾将烟灰抖掉,还好没有烧开洞,然后才冲着老张吼道:"什么?别跟我说你喜欢的是那几个泼妇里的一个!"

不知道是不是受了葫芦娃的感召,我们这座小县城的混混特别喜欢七这个数字,五中有一个著名的混混组织七匹狼,一中就有一个纯女性混混组织七里香。那时候周杰伦正如日中天,走到哪儿都会有人哼一曲《东风破》,《七里香》发布的时候更是大街小巷都在传唱。

但是在一中,提到七里香的时候,想到的就绝不仅仅是周杰伦,还有那七个女混混。起初我对这个传奇女子组合还是充满了幻想,毕竟七里香的名字很美。巧的是,文理分班以后,我就跟七里香中的三个人分到了同一个班,从此幻想就破灭了。

这三个姑娘中一个只有一米四五的身高,却腰粗膀圆,脸肥腻得让人感觉随时会沁出油来;还有一个倒是身材挺好,但是那张脸实在惨不忍睹,偏偏还喜欢浓妆艳抹,最后的效果就像是刚吸过人血的女鬼一般,让人看一眼就头皮发麻;剩下的一个长得又高又壮,走起路来像个土匪。这三个姑娘的共同点是都异常彪悍,言必称老娘,动不动就问候别人女性长辈。甚至经常下课以后聚在楼道里抽烟,寻常老师也不敢去招惹。

所以我一般都暗自吐槽这几个姑娘为"泼妇",当然,我不会傻到公开去这样说的。真要动起手来,我觉得那个土匪一般的姑娘战力远在我之上,何况人家是一个七人团体,何况人家还有一帮其他混混兄弟。

而现在听老张的口气,他好像是喜欢上了七里香里的一个姑娘,这实在让我有些把持不住。

"你别这样说她,她不是你想的那样!"老张的眼睛又瞪大了。

"我擦!这就维护上了?那几个娘们我可认识,个个都不是善茬!你小子脑袋里养王八了吧,居然看上那样的!"我也瞪了回去。

老张的气势弱了一些，拧着眉头深吸了几口烟，片刻后又抬起头，目光重新坚定起来："我说了，她不是那样的，跟你们班里那几个不一样。"

我一怔，才想到七里香里面我也不过就是认识我们班那三个而已，这么轻易下判断的确有些武断，但我也实在想不到能跟我们班那三位组合在一起的姑娘会是什么样的。

2

第二天早自习的时候，我去隔壁班把老张叫了出来，根据他提供的坐标看到了他喜欢的姑娘。

那是一个单眼皮、齐肩短发的漂亮姑娘。我看过去的时候，姑娘正在和身边的人说着什么，突然展颜一笑，我瞬间心神荡漾。

这个时候老张在我腰上捅了捅，我才意识到自己的表情太投入了。

"正点！好眼光！"我在老张肩膀上重重一拍，返回到自己班里。

早自习结束以后，我跟老张一边溜溜达达地往外走，一般打量着前面跟一群姑娘簇拥在一起、热热闹闹走着的楚玉。

楚玉就是那个老张喜欢的姑娘，七里香的五妹，同时也是我们这一届的校花榜前三、无数男同学心中的女神。

我一边欣赏着楚玉的窈窕身姿,一边进行目测:"长腿细腰,可惜胸有点小,不过也算是极品了!"

说这话的时候,我转头看着身边的老张,只见他此时目光迷离,嘴上带着一种欣慰而满足的笑,整个表情就像是在告诉别人,只要能这样看着前方这个姑娘,就此生无憾,她若安好,就是晴天。

我心说完了,这小子已经提前进入备胎模式了。

吃早饭的时候,我一边咬着一个包子,一边问老张:"你接下来有什么打算?直接表白吗?要不要我帮你写情书?"

老张神情呆滞,有些魂不守舍,手上的一勺汤送到嘴里一半,洒了一半,听到我的话,才抬起头来,目光黯淡,有些颓然地回答道:"她有男朋友了。"

我去找班里一些消息灵通的家伙打听消息,很快知道了关于楚玉的很多事情。

楚玉跳街舞很好,唱歌也很好,长得又漂亮,有着很好的家世背景——据说她爸爸是县里某个局的局长。这样的姑娘自然不会过得太安分,因为既有可以不安分的资本,也有随时重新来过的资本。

不安分的意思是,这样的姑娘身上会发生很多的故事。

关于楚玉和她男朋友的故事是这样的：楚玉之前有一个混混男朋友——我们姑且称为混混甲，混混甲有一个一起混的好兄弟——我们称其为混混乙，在混混乙过生日的时候，邀请混混甲过去一起庆祝，混混甲就带着他的女朋友，也就是楚玉，过去了。结果在生日宴会上，楚玉和混混乙一见钟情，在生日宴会结束以后就跟混混甲分手，火速跟混混乙在一起了。

如果仅仅是这样，这还只是一个一般的勾引二嫂的江湖故事，难得的是，这件事以后，混混甲，也就是楚玉的前男友，跟混混乙，也就是楚玉的现男友，依旧保持着原先的兄弟关系。而且三个人还经常一起结伴逛街、吃饭，丝毫看不出来有任何嫌隙。

除了有一个混混前男友和混混现男友之外，楚玉还有四个结拜混混大哥，楚玉自己更是一中唯一的女子混混组织七里香中的老五，据说整个一中只要混的人见到楚玉没有不给面子的。除了因为楚玉有着如此错综复杂的江湖关系，也因为楚玉本身的美貌，谁会不给一个如花似玉的妹子几分面子呢？

了解到这些以后，我语重心长地对老张说："兄弟，咱还是放弃吧，这样的姑娘，咱搞不定的！"

老张低头抽烟，一句话都不说。

接下来的日子里，我便经常能见到楚玉的男朋友过来找楚玉，是个看上去挺帅气的小伙，笑起来的时候阳光灿烂，不笑的时候则显得硬朗有型。

嗯,虽然理论上我应该毫不犹豫地站在老张这边,但是平心而论,楚玉跟她男朋友真的是很般配的一对。而老张无论从哪个角度说,竞争力都弱了一些。

后来我又见到过长相有点痞坏的楚玉前男友、身高一米八五身为校篮球队主力中锋的楚玉的结拜大哥、据说有十几个女朋友,冬天能收到很多条围巾的楚玉的另一个结拜大哥;以及各路经常来找楚玉玩的混混,更加觉得老张希望渺茫,即使作为备胎也属于垫底的那种。

老张对这一切全部看在眼里,却一言不发,也不采取任何行动,依旧每天上课下课,跟没事人似的,只是在上课的时候才偷偷注视一会儿前面楚玉的背影。

我倒是着急的不行,晚上逮着老张问:"你到底要怎样,是就这么放弃了,还是在暗地里憋大招,准备来个一鸣惊人?"

老张把头转开,嘴里吐着烟圈做出神状,良久悠悠开口:"不打扰是我的温柔。"

草!五月天的歌词都出来了!我瞬间泄气,转身去睡了。

3

没想到这一年秋天的时候,老张的机会竟然真的来了。

楚玉失恋了，原因不详，只知道楚玉的四个结拜大哥要去联手揍一顿那小子，被楚玉拦住了。过了一段时间，那小子就转学离开了一中。

失恋后的楚玉不再像以前那样欢快灵动，而是有些沉默寡言，人也瘦了一圈，不过倒是显得凄楚动人。而我这段时间沉迷于网游，每天泡在网吧练级，也顾不上多去关注老张的事情，更何况这都小半年没动静，我也失去了热情。

某一天我从网吧归来，去学校附近的一家麻辣烫吃饭，进门后就看到了和楚玉面对面坐着吃麻辣烫的老张。

我吃惊地把烟头戳在了身边走过的一个人的手臂上都不知道，听到那人的尖叫声才反应过来，连声跟人说对不起。好在只是稍微烫了一下，那人也没有多加计较。

等我回过头，正好迎上老张和楚玉注视的目光，不光他们，店里所有客人都在看着我这边。

我捋了捋有些发油的头发，恢复镇定之后向着老张打招呼："嗨！你也在这里啊！"

老张很深沉地点点头，说："嗯！"

我接着向楚玉打招呼："美女你好！"

楚玉微微一笑，向我招招手说："你好！"

接下来我便有些不知所措，不知道是应该凑过去跟他们坐一桌呢，还是自己坐另外一边。

楚玉看着老张，柔声问道："你朋友呀，要不让他坐下一起吃？"

老张斜睨了我一眼，我连忙说："不用不用，我有点事得赶紧回去，打包几个包子带走就好。"

接着我火速点了一笼包子，拎着赶紧逃走。离开的时候楚玉还跟我摆摆手告别。

晚上老张回到地下室的时候手里拎着几瓶啤酒、几样打包的小菜，往桌子上扔了两包云烟，本来打算兴师问罪的我瞬间觉得这小子总算良心未泯。

我说："哦，你小子可以啊！想追楚玉的人没有一个营也有一个连了，本来以为到毕业了都轮不到你，没想到你小子竟然抢先一步了！"

老张悠然吐着烟圈，淡淡地说："近水楼台先得月。"

我草，竟然忘了这茬了，楚玉那些前男友好兄弟结拜大哥什么的，都跟楚玉不是一个班的，老张居然在绝境中占据了这么一丝优势。

我问老张："到哪一步了？"

老张掸了掸烟灰说："还差得远呢，只是普通朋友。"

虽然老张极力表现得风轻云淡，可我能感觉到老张那一颗躁动的春心。

接下来的日子里，老张频繁采取行动，印证了那句"不鸣则已，一鸣惊人"的老话。也深得毛主席他老人家"敌疲我打，敌退我进"的兵法精髓，趁着这难得的空档期，对楚玉展开了猛烈的追求。

这段时间的老张容光焕发，生机勃勃，对照他以前的沉默，简直像是回光返照。

除了晚上睡觉的时候，老张跟我混在一起的时候越来越少，倒是经常遇见他跟楚玉结伴一起去吃麻辣烫。星期天的时候老张也经常早早就起床，打扮一番以后匆匆出门，一直到大晚上的时候才回来。

即使跟我在一起的时候，老张也变得举止怪异，经常抽烟抽着突然嘿嘿地傻笑起来，或者刷牙的时候突然手舞足蹈地唱起歌来。

唱的还是 S.H.E 的触电：

风走在我们前面甩裙摆画着圆圈
花美得兴高采烈那香味有点阴险
你在我旁边的旁边但影子却肩碰肩
偷看一眼你的唇边
是不是也有笑意明显
……

我们屋子里也经常会出现一些小物件，像是八音盒啦，风铃啦，S.H.E 的新专辑啦，清新别致的小手链啦，等等。这些物件一般只会在屋里放一晚上，第二天就被老张拿走，再也不会看到。而且老张严禁我触碰这些小玩意儿，有一次我拧了一下老张放在桌上的八音盒，被他一把夺过来，小心地检查半天，确定没有损坏以后才瞪了我一眼，小心地收起来。

与此相伴随的是老张和楚玉的关系突飞猛进，先是老张把桌子和楚玉搬到一起，两人成为了同桌，接着有人目击楚玉带着老张去参加那些混混朋友们的聚会，我也曾看到老张和楚玉的结拜大哥们走在一起，言谈甚欢。

我跟老张走在一起的时候，经常遇到一些陌生的小混混模样的男生跟老张打招呼，老张也都笑眯眯地跟对方寒暄几句。

总之，老张已经不是我认识的那个老张了，他已经成功打入敌人内部，将自己的人生升华到了新高度。

然而这段时间的老张却明显变得焦虑了起来，经常一个人半夜醒来默默抽烟，或者莫名其妙就变得烦躁起来。

这是因为虽然老张成功和楚玉变成了朋友，看上去颇为亲密，但事实上两人的关系却是陷入了瓶颈，无法再前进一步。老张不过是楚玉众多男性朋友中的一个，而老张显然想做的是独一无二的那一个。

4

有一天晚上我回到地下室，发现老张已经先一步回来了，正坐在桌子前专心致志地做着什么。

桌上放着一个酒精炉子，上面架着一个老张自己用废易拉罐自制的烧锅，旁边还有一个放在水盆里的半个饮料瓶，此外则是散落着一大堆蜡烛，整个地下室里弥漫着一股呛人的蜡油味。

我对陷入爱情之后老张的种种异常举动已经有了一定的免疫力，但此时还是忍不住大叫一声："草，你这是打算放火将这里烧掉吗？"

老张对我的反应完全不理不睬，兴奋地指着他桌上的装置："小丁你看！"

我看着老张把一根蜡烛丢进烧锅里，熔成一锅蜡水，将原先的蜡芯取掉，然后倒进旁边固定在水盆里的一个用饮料瓶制成的模型里面。那个模型其实就是只剪取了美汁源果粒橙瓶子的上半部分，瓶盖中间开一个小洞，穿过去一条棉线，老张手提着那条棉线，等蜡水倒进去以后，那条棉线便正好放在了中间，等蜡水凝固，就固定在了上面。

盆里的凉水则是帮助快速冷却的，等冷却以后，将瓶盖拧掉，把蜡块取出来，就得到了一个下面粗上面细，周围还有着花纹的新蜡烛。

随着第一根花纹蜡烛的制作成功，老张的眼里闪烁着异样的神采。

我被老张这套工艺复杂的发明镇住了，竖起大拇指说："牛逼，真他妈牛逼！"

半个月以后，老张拖着一个蛇皮口袋爬上了一中后面的一座土山。

那座山叫作南山，山腰上是县里的烈士陵园，山顶上有一座小庙，庙前是一块较大的平地。因为这座小县城实在缺乏休闲游玩之地，广大市民便经常没事做爬一爬南山，山上那座小庙因此香火鼎盛。

一中就在山脚下，这导致一中的学生对这座山格外钟情，经常能见到牵着手漫步在山间或者藏在树丛中的情侣，几乎将这里变成了恋爱圣地。

老张上山的时候已经是傍晚，西边的晚霞只留下了一丝残晖。老张不是一个人上来的，还有不少他们班里的同学，以及满怀期待的我。

上山以后，老张打开蛇皮口袋往地上一倒，骨碌碌地滚出一堆下粗上细带着花纹的蜡烛来。这就是老张半个月的劳动成果，为此我也跟着呛了半个月的蜡烟。

接着老张便指挥大家将这些蜡烛在山顶的平地上摆开来，摆成一个巨大的心状图。等搞完这些，天色已经擦黑。此时已经是晚秋，太阳落山以后，很快便冷了起来。

但是没有人下山离开，所有人脸上都洋溢着期待和兴奋。

老张交代我们好好将这蜡烛阵给保护好，并且每人给我们发了一个打火机之后就匆匆下山了。

大家焦急地等待着老张的再次归来，所有人都知道接下来会发生什么。

四十分钟以后，我的小灵通响起，我一看，是老张发来的信息，上面只有两个字："点火！"

我连忙把这个指令传递给大家，接着所有人都开始将摆在地上的蜡烛点燃。此时天色已经全黑，山顶上突然有一点点灯火亮起，远远看上去像是鬼火一般。

蜡烛点到一半的时候，我们发现了一个问题，此时山上有风，那些刚刚点燃的蜡烛很快就被吹灭了！

我心说糟了，人算不如天算，没想到老天不向着老张，这可如何是好！

"大家把上衣脱下来围成一个圈！"这个时候一个沉稳的声音响起。

喊话的是老张班里的一个女生，又矮又胖，脸上架着一副圆眼镜，整个人像是一个肉球。但此时肉球却像是光明女神一般给大家指引了一条明路，在关键时刻挽救了老张的爱情行动。

所有人都将上衣脱下来围成圈将蜡烛阵围住隔开山风，然后少部分人去将这些蜡烛全部点燃。终于，这个巨大的心形蜡烛阵燃烧了起来，我们一大群人围着蜡烛阵，场面无比温馨。

但这显然跟老张预想的戏码不一样，本来我们这些人点燃蜡烛以后就该功成身退的。不过此时也没有办法，只好临时应变。

不一会儿老张和楚玉结伴出现在山顶，没有如预想中看到一个巨大燃烧的心，而是趁着星光才能看见的一圈站立的人墙。

"在这里！"又是肉球发出了指引的呼唤。

我们一起回头，看着走过来的老张和楚玉。

夜色中看不清两人的表情，只听到楚玉高兴的声音："这么多人啊！老张你太给力了，竟然叫这么多人一起出来玩！"

老张的声音传来："啊……哈哈……是啊，正好大家都一起上来玩。"

走近以后，老张和楚玉终于能够看到了大家脱下上衣挡住山风摆成的蜡烛心。

这个时候大家都默契地不说话，把表现的机会留给老张，烛光摇曳，每个人的脸上都充满期待，看这架势，要是老张不立刻单膝跪地从兜里掏出个钻戒来都有些对不起广大观众。

老张憋了很久，憋到大家都开始泄气，憋到楚玉大概觉得太冷场打算开口说点什么，这个时候，老张开口了："楚玉，我喜欢你，做我女朋友吧！"

大概是因为山风太猛烈，老张的声音颤抖的厉害。

这个时候，那个肉球一样的姑娘手捧着胸口开始啜泣："太感人了，呜呜……"

楚玉沉默了几秒钟以后突然笑了起来，在老张肩膀上一拍说："哥们你别逗了！"

还没等老张回过神来，楚玉又向大家招呼道："人这么多，不如我们一起跳兔子舞吧！"

很快，不知道谁带的大音量山寨手机里就传出了《Penguin's game》的歌声：

left left right right go turn around go go go

left right left left right right

left left right right go go go

left left right right go turn around go go go

……

楚玉身姿绰约地领头开始跳，很快就有更多的人加入，场上一片欢声笑语。

5

那次以集体大联欢的兔子舞结束的表白似乎对老张和楚玉的关系并没有造成什么影响，两人依旧是同桌，依旧一起去吃麻辣烫，一起去参加楚玉朋友们的聚会。

我本以为老张会就此偃旗息鼓，安心做好楚玉众多男性朋友中的一个，没想到，仅仅只是半个月后，老张又展开了行动。而这次没有像上次一样兴师动众，事实上只有我作为老张的助手参与了这次表白行动。

老张去五金店买来了几十米的彩灯串，不知道从哪儿搞到几百米电线，借了九把大小一样但花色不一的雨伞，以及九个充电式小台灯，出门称了十斤香蕉，带着我再次奔赴南山。

这一次老张把作战的地点选在了山腰的烈士陵园下方的一个亭子里，亭子周围是一片长满绿草的山坡，虽然是晚秋，此时青草还未见颓势，一片翠绿。山坡上面就是巨大的烈士纪念碑，碑顶上是一个吹着冲锋号的烈士雕像。

我和老张先把雨伞都打开，倒吊在亭子檐上，然后把那些小台灯开关打开，放进吊着的雨伞里面。接着老张把那一串几十米长的彩灯在山坡上排成一个巨大的 I LOVE YOU，然后我俩就从山上开始往下布线，将那几百米电线一直拉到山下的一户居民家。

出门时候买的那十斤香蕉就是用来公关这家居民来使用他家的电的。一开始我们找了一家，被人赶了出来。第二家开门的是一个少妇，听完老张的设想以后感动得不得了。表示电随便用，甚至连香蕉都不收，不过最后我们还是把香蕉留下了。

此时天色已经擦黑，老张擦了擦脑门上的汗说："这主体工作已经搞定，接下来你只要把电线接到彩灯上，然后通电就可以了，时间不早了我先去接楚玉，等我发出信号你就通电。"

我郑重地点点头，表示绝不辜负老张对我的信任，保证完成任务。

等老张离开以后，我就上去把电线接在了彩灯上，然后下来通了电，结果跑上去一看，坏了，这彩灯不亮！

彩灯我们在出发前就在地下室中反复检查过，绝对没问题，那问题一定是出现在了电线上。我赶紧开始排查线路，老张找来的这几百米电线新旧不一，有很多的接头处。结果一直等到收到老张的通电指令的短信，还是没能排除掉故障。

老张吸取了上一次山顶受到山风影响的教训，这一次不仅把地点搬到了山腰,而且一色使用电气化,就是为了保险起见,没想到这个时候却是这些旧电线掉了链子。

此时老张和楚玉已经即将到达,那一串彩灯如死蛇一样缠绕在山坡上草丛里,下方的亭子角上九把倒吊着的雨伞透出各种暗淡的光芒,结合这里是烈士陵园的环境,气氛异常诡异。

我此时也没招,只好给老张发条信息说电路有问题,就跑上去躲在烈士纪念碑后面,打算观摩接下来的剧情发展。

很快收到老张的短信回复,内容只有一个字:"草!"

我躲在烈士纪念碑后面俯瞰着下方,一会儿山路台阶上出现了两个人影,两人一路走到了亭子里。

我心怦怦直跳,屏气凝神看着老张接下来的表现。

由于离得远,我无法听到两人说话的声音,只看到两个人进入亭子以后,楚玉先是充满好奇地围着亭子走了一圈,欣赏了老张的雨伞吊灯,然后我就看到老张上前,从后面把楚玉抱住了。

没想到这小子还有这样的勇气!

但接着我就看到楚玉一把推开老张,然后扇了老张一个耳光之后转身离去。

下山的时候,我和老张扛着大捆的电线和雨伞,老张一言不发,只是下山后在小卖部买了两箱子啤酒。

那晚老张喝得大醉,说了很多胡话。

6

老张的爱情事业暂时进入了低谷期，楚玉把桌子从老张身边搬走，跟另外一个女生变成了同桌。那段时间老张颓废得厉害，开始频繁地逃课，并且跟我开始玩同一款网游。

事情的转机出现在这一年的冬天。那天下着大雪，正在网吧跟我刷怪的老张收到楚玉的短信："今晚我过生日，你来不来？"

老张把嘴上的烟捻灭，甩掉耳机转身就跑。

我帮老张把机器退掉，一个人继续刷怪，直到晚上十点才离开网吧，出门的时候大雪掩到了膝盖深。

那天半夜，老张跌跌撞撞地回来，身上沾满了雪，脸上有几处擦伤，进门以后就倒在了地上。我刚把他扶上床，老张就开始吐。我把装废水的桶放在老张面前，他吐了有小半桶。

这一宿我都没能睡踏实，老张在床上翻来覆去，嘴里说着胡话，有时候叫着楚玉的名字，有时候则是在骂人。

后来我听说，那一晚上有几个社会混混也去参加楚玉的生日宴会，有人趁机想要灌楚玉酒，老张站起来挡酒，那些人就开始灌老张，老张一点都不怂，一口一杯的跟那些家伙干！

直到第二天晚上，老张才从床上爬起来。

后来老张又把桌子和楚玉搬在了一起，两人重新成为同桌，并且明显关系更加亲密起来。

老张陪楚玉吃饭逛街送楚玉小礼物一起拍大头照，楚玉陪老张逃课上网给老张织围巾吃同一份早餐。

大家都说，老张和楚玉好上了。这让很多男生梦想破灭，不少人打听老张的背景，打算揍他一顿出气。但没有人敢动手，原因是楚玉的江湖背景。

但我知道他俩没有好上，只是似乎比朋友好那么一点罢了。我问过老张，他说这样挺好。

老张和楚玉正式牵着手出现在众人面前的时候已经是高考前两个月了。

老张在一中附近的聚鑫饭店大宴宾客，宣布自己和楚玉好上了！参加宴会的有楚玉的四个结拜大哥，还有其他几个混混，此外就是我们这些老张的哥们。

那天的老张春风得意，腰杆挺得很直，熟稔地招呼着各路来宾，而楚玉也很乖巧地站在老张身边，笑嘻嘻地跟大家打招呼。

我私下跟几个哥们说："老张这架势搞得跟结婚似的，他娘的，是不是要我们随点儿份子啊？"

不过我们都为老张感到高兴，不管怎么说，总算是守得云开见月明，风雨之后见彩虹，路程再多曲折，结局让人开心。

来的人不少，一共坐了两桌，开饭以后老张端着酒杯挨个儿敬酒，无论到谁面前都是一杯啤酒一仰脖子干进去。这让我想起乔峰大战聚贤庄跟众人喝绝交酒的情景。

两桌轮完以后，老张走路已经有些摇晃了，不过脸色却是一点都没变。这点我知道，老张属于那种喝多少都面不变色的人，但其实现在已经超过他的酒量了。

老张站起来示意大家停一停，表示他有话说。所有人都安静了下来。

"从今天起，楚玉就是我媳妇了，大家做个见证，要是我以后有什么对不起楚玉的地方，"老张用手指着桌上的啤酒瓶，"各位就拿这酒瓶往我头上招呼！"

说完老张又自己干了一杯，大家纷纷鼓掌，表示这话记住了，回头就把面前的酒瓶存起来。

7

高考前的这两个月，老张陷入了疯狂的热恋之中。

本来以老张入学时候高分进入重点班的资质，即使高二后到了文科班，也能轻松战胜一众学渣成绩名列前茅，老师们也都对老张寄予厚望。

但现在老张已经对高考完全放弃了,每天狂热地恋爱,像是要把过去耽误的一年多的时光都补回来。两人的大名传遍整个一中,老师们都对这两个在课堂上肆无忌惮地谈恋爱的学生恨得咬牙切齿,老张班里的同学对此反应不一,有的极端痛恨,有的羡慕嫉妒。

有一次英语课上,一个坐在第一排的好学生实在对坐在后排角落里窃窃私语你侬我侬的老张和楚玉忍无可忍了,大拍着桌子站起来,转身指着后面吼道:"要谈恋爱去外边谈,不要影响其他同学学习!"

英语老师站在讲台上一脸无奈,对老张的堕落感到失望和惋惜。

这件事对老张的影响是,他索性不来上课了,带着楚玉满县城跑,去吃各种小吃,去爬山,去滑旱冰,去KTV唱歌,逛累了就带楚玉去我们租的地下室里休息。

这段时间我要回地下室之前必须先给老张发一条信息,有时候能顺利回去,有时候则必须去隔壁老李那儿等半个小时到一个小时。

热恋的代价是开销的急剧上升,这段时间老张到处借钱,欠了一屁股债。

高考结束以后老张决定跟着老李去太原打工清偿债务,并且打算给楚玉买一个手机，这样就不会担心给楚玉打电话的时候被她妈发现了。

老李是我和老张的共同铁哥们，他租的房跟我们紧挨着，我们经常在一起喝酒抽烟。老李的家里在太原做生意，所以高考结束以后要去太原跟他家人会合。

走的那天楚玉并没有来送老张，老张表示理解，毕竟楚玉的妈妈一直都管得严。送走老张以后我并没有回家，而是找到房东续了一个月的房租，因为我知道自己考得很渣，不敢回去面对我爸，借口要等分数和报志愿，继续留在县城。

十天以后我接到老张的电话，电话的那头，老张泣不成声，说楚玉跟他分手了。

我大吃一惊，安慰老张一番，挂断电话以后火速给老李发信息，让他好好照顾老张，这家伙情绪不稳，千万别出什么事。

老李回信息说，老张正在抱着他哭。

当天晚上半夜一点，我去车站接回从太原归来的老张，路上两人一言不发，只是默默抽烟。第二天老张去楚玉家楼下等楚玉，一直到晚上，楚玉没有出现，打电话是楚玉妈妈接的。

一个星期以后，老张终于死心，收拾行李回家去了。

直到一年以后，我听老张说起这件事，才知道跟老张分手的时候，楚玉说的是："你太婆婆妈妈了，什么事都顺着我，不像个男人。"

我跟老张说，以后谈恋爱悠着点，别把自己全搭进去。

老张说，我不怪她，爱上一个人就是要拼尽全力去爱啊，就是要让她不受一点委屈啊，我是心甘情愿地败给了她，我就是不想让她难过。

"下一次，我还会这样。"老张说这话的时候脸色淡然，缓缓吐出一个烟圈。

江湖子弟江湖老

我有一个很好的兄弟，穿开裆裤就一起混的那种好，叫丑丑。

七岁那年冬天，我在丑丑家玩，一起玩的还有高总和后来成为我妹夫的三狗，玩得高兴，我们决定义结金兰，结为异姓兄弟。

那天丑丑爹妈不在家，只有他一个十三四岁的表哥过来串门。丑丑从橱柜里翻出一瓶高粱白酒，让他表哥帮忙打开，端了一碗上顿剩下的土豆丝放在他家的缝纫机台上。他倒起四盅高粱白，手一挥说，来吧，咱们结拜啦！

一口高粱白咽下肚，感觉一条火线顺着喉咙往出窜，连忙吃一口土豆丝压着，吃完再来一盅。那时候用的是那种小酒盅，一口一盅正好。

丑丑的表哥一直在旁边笑眯眯地为我们斟酒，大概是以一个大孩子的心态，看这群小屁崽子胡闹出丑。等一碗冷土豆丝吃完，那瓶高粱白已经快要见底。因为喝得快，酒劲还来不及上头。

没说什么"不求同年同月生，但求同年同月同日死"也没焚香跪拜天地，就是一瓶高粱白，一碗冷土豆丝，我们四个连少年都不能算的儿童，完成了结拜仪式。

结拜酒喝完，我们就拎着木棍豪情万丈地去沟里滑冰。穿过村子的时候，我们觉得自己像梁山好汉一样嚣张。

后来我们在滑冰的时候酒劲发作，四个人全部醉倒，躺在小河边的大石头上，觉得自己在背着整座山沟旋转。

再后来，全村人都知道了我们四个人一瓶高粱白、一碗冷土豆丝结为兄弟的事情。一直到现在回到老家，还会有人笑着提起这件事。

结拜前后我和丑丑的相处模式并没有发生什么变化，依旧是每天一起刨土坑，用自制的弓箭追着别人家的老母鸡射，跟村里别的小孩打架，有时候我们之间也会打起来。

每次我和丑丑打架都以失败告终。一般是我趁其不备打他一拳或者一棍子，转头赶紧跑，然后被他追上来掀翻在地，打上几拳。于是我俩便暂时决裂，各回各家。往往第二天一大早，便能听到丑丑在我家大门外叫，晓勤我来找你玩了。我假装听不见，丑丑便一直在外面叫。

一直叫到我妈对我说，丑丑叫你跟他去玩呢。

我才原谅他，出去跟他一起玩。

等到我们都上小学的时候，丑丑家从原来离我家五分钟路程搬到了离我家一分钟路程。于是我们每天便一起上学放学。那时候我们村分为前村后村，上村下村，我和丑丑都是下村的，高总是上村的，三狗是后村的。

上村和下村的小孩经常发生战斗，我打架不行，但是我会讲故事，下村的小孩都喜欢听我讲故事。于是我就变成了下村的头，丑丑是大将，本来是上村的高总，后村的三狗，也都加入我们的阵营。丑丑打架很猛，在跟上村的战斗中，往往由他一人冲锋陷阵，一口气打哭好几个，后来村里的小孩都服我们。

我们村是武术之乡，我们的父辈几乎人人都练过几套拳，丑丑的爷爷便是我们村的拳术大宗师。老爷子不仅授拳，还兼职行医，留着白色的山羊胡，仙风道骨。七十多岁的时候依旧精神矍铄，门下有七十多个亲传弟子，在我们那一带很有威望。

然而丑丑打架生猛却并不是因为家传的武功多高，到了我们这一代已经没人正经习武。只有在六一儿童节的时候作为表演项目才会学一两套套路，平时根本没人练。

那时候丑丑经常将老爷子的兵器偷出来玩，什么牛尾刀、铁筷子、九节鞭、双流星，全是真家伙。那牛尾刀已经锈迹斑斑，拿在手里极为沉重，我两只手才能举起来，铁筷子倒是保养得很好，尺许长，放在布套里，取出来银灿灿的，显然是老爷子经常把玩之物。

我们上小学的时候，老爷子收了最后一个徒弟，是邻村的一个少年，每天起得早早的在院子里练功。我去叫丑丑一起上学的时候，两人就模仿一会儿少年的动作，然后觉得这有屁的用，于是就对着认真苦练的少年哈哈大笑。

我属蛇，丑丑和高总、三狗都是属马的，我比他们早一年上了初中。初中的时候我住校。两个星期放一次假，只有放假回到村里，我们才能继续一起玩耍。在初中结识了新的伙伴后，一起玩的次数就渐渐少了起来。

2003年夏天非典肆虐，学校放长假，我们每天在家百无聊赖，天天去沟里游泳，跟沟对面村子里的小孩打架。晚上的时候，丑丑就拿着充电灯在外面抓蝎子。那时候一斤蝎子能卖二百块钱，丑丑一晚上差不多能抓一两，十天就能抓一斤。

那时候我觉得二百块钱是一笔巨款，羡慕的不得了，决定也去抓蝎子卖钱。结果抓了几天，只抓到一只，放在罐头瓶里孤零零的。于是我决定改变战略，跟高总合伙一起抓，卖的钱平分。结果整个暑假，我俩抓到的全部蝎子卖了五毛钱，实在分不开，就去买了一小袋日本豆，俩人把日本豆数着粒分了。

初二的时候，丑丑辍学去了上海打工，在上海骑着自行车发特价机票的传单，上门送客户订购的机票。回来以后，丑丑就给我讲外滩和东方明珠，讲上海的轻轨，讲他们如何跟城管斗。

那是我们俩的角色第一次颠倒过来，以前总是我讲故事，他听。

后来丑丑又去了西安，回来跟我讲西安的城墙，他说，夜里有人在城墙上拍电视，一堆人突然拿着刀枪冲出来，那场面，太牛逼了。

丑丑还带了一台西安买回来的随身听，拿过来在我面前显摆，告诉我里面放的S·H·E的磁带是他花了三十多块在超市里买的。

那时候我姐姐给我从太原也带回来一台随身听，我鄙视地对他说，傻逼，这磁带我在学校门口五块钱就能买到。

初三的时候，高总也辍学了，去外面打工，第一年就赚了八千块交给了他爸妈，村里都说这孩子有出息。过了两年，高总就开始自己做小包工头，高总这个称呼也是从那时候开始的。

三狗去读了一个技校，学电焊。我则上了高中，继续读书，于是我们见面的机会便越发少了起来。

在我高二的时候，丑丑又去了上海。这次他不再骑着自行车穿行在上海的大街小巷发传单，而是在夜场里当保安，给人看场子。

过年回家的时候，他就给我讲上海夜场里的生活，讲那些穿着阿玛尼的有钱人，进门就挨个儿给经过的服务员发小费。讲那些磕了药在舞池里疯狂的漂亮女人，讲他们能够以一挑十的退役特种兵领导。讲有人在场子里闹事的时候，他们一群人上去把闹事者打倒，然后抬出去扔在大门口。

我皱着眉对丑丑说："我觉得你这样不好，毕竟不是长久之计，要不你回来吧，跟着高总一起打工干装修。"

丑丑抽着烟说："我考虑一下。"

高考结束后，我跟着同学去太原打工，结果一个星期后灰溜溜地回来，顺道去离石玩，丑丑在车站接的我，穿着一身沾满涂料的衣服。那一年，他没去上海，跟着高总一起在离石打工。

我和丑丑、高总，在一个小饭馆吃饭。吃完后，丑丑要跟高总借二百块钱结账，高总大手一挥，表示这一顿他请。

在离石待了两天以后，我回老家，丑丑送我到车站。他用手搭着我的肩膀说："兄弟没本事，混得太差，你来也没钱招待，等你下次来我一定带你好好玩。"

我说："哪里的话，咱们兄弟还用分什么彼此，你请我和高总请我不都是一样的嘛！"

丑丑沉默着没说话。

在家待了一段时间以后，我实在受不了村里的憋闷，又跑到离石去玩。见到高总的时候，才知道丑丑前两天刚离开他这边的工地，恢复了老本行，去了当地的一家夜场当保安。

高总告诉我,今年活不好干,都赚不了钱,他也是死撑着。

我和高总在 KTV 开了包厢,打电话叫丑丑一起过来玩。那天丑丑穿了一身崭新的潮牌,精神焕发。

他跟我说:"来,兄弟,我们一起唱你最爱的《凡人歌》。"

我一头雾水:"我什么时候爱听《凡人歌》了?"

丑丑说:"那几年你不是天天给我推荐这首歌吗?后来我去了上海就买来磁带听,真他妈好听!"

我突然想起来,初中的时候,我喜欢黄阅的《凡间》,天天给丑丑推荐。大概在丑丑的记忆中发生了偏差,以至于他后来一直以为我给他推荐的是李宗盛的《凡人歌》。

好在《凡人歌》旋律不算难,很快我就能跟着哼起来,我们三个肩膀搭在一起大声唱:

你我皆凡人 生在人世间

终日奔波苦 一刻不得闲

既然不是仙 难免有杂念

道义放两旁

利字摆中间

多少男子汉 一怒为红颜

多少同林鸟 已成分飞燕

人生何其短 何必苦苦恋

爱人不见了 向谁去喊冤

问你 何时曾看见

这世界为了人们改变

……

那次唱完歌，丑丑在离去之前从兜里掏出三百块来，塞进我手心说："你好好上学，有什么需要尽管跟兄弟开口。要是有人欺负你，说一声，兄弟收拾他。"

我知道他是刚跟着人出去打了一场架，得到的五百块酬劳，就要分给我三百。我怎么都不肯要，最后丑丑走的时候，去隔壁买了两包烟塞进了我口袋里。

没想到，那次见面之后，我们竟然已经隔了这么多年未曾再见。

那年冬天，我上大学，听说丑丑出事了。

丑丑在一个煤老板手下做保安，煤老板收购一个村属煤矿，跟村委会达成了协议，但是却遭到了村民的抵制，煤老板派人强制接管煤矿，跟村民发生冲突，四个村民被打死。

这是当时轰动全国的大型暴力刑事案件，包括央视在内的各大媒体全部进行了专题报道，丑丑也参与了这次事件。

我给他打电话，他说他人在上海，应该没啥事，当时参与的人有两百来号，他也就是个凑数的。

又过了一段时间,听说他爸爸打电话让他回去自首了。那年我二十岁,丑丑十九岁。后来我听说,他被判了八年有期徒刑。

算算时间,他也快回来了,我的兄弟。

我只是陪你走一程

据说每个人都会认识一个叫张伟或者张超的人。然而在我人生的前十九年里，我竟然一直没有认识一个叫张伟或者张超的人，甚至连王伟和王超都没有。

这并不能说明我们那个地方的人取名字的水平领先全国，能够花样翻新别出机杼。相反，我小时候我们那个小地方的人取名字水平还停留在较为乡土的阶段，以"红梅""艳梅""旭东"这样的居多。我至少认识五六个"旭东"，我表哥就是其中之一。

用"超""杰""伟""帅"这样的字眼来给孩子起名，显然已经超出了劳动人民的思维范畴，只有洋气的城里人才能驾轻就熟。当然，现在时代进步了，回到我们老家，超杰伟帅已经到处泛滥了。

等我离开家乡去省城读书的第一天，就认识了张伟，跟他成为了室友。

1

张伟是个体重一百六十斤的大胖子,然而在我们宿舍却只能算第二胖,上面还有一个一百九十斤的大胖子压着。

军训的时候张伟穿着迷彩服,扎着武装带,挺胸凸肚,一双高度近视的小眼睛,笑起来猥琐无比。这要是放到抗日剧里,就是活脱脱一个日本皇军太君形象。

有一次我们在学校外面的马路上溜达,路过一家药店的时候,看到外面挂着条幅,写着"开业酬宾,老中医免费坐诊"。

张伟看见了说:"还有这种好事?我要去瞅瞅。"

那时候大家都闲得蛋疼,就跟张伟一起进去药店。

药店大堂里果然有一个穿着白色对襟衫,看上去颇有点高人风范的老头子坐在一张桌子后面。

张伟凑上前去,在老头子对面坐下来。

老头子和蔼地问道:"小伙子,你有什么问题?"

张伟扶了扶眼镜,有些扭扭捏捏地说:"那什么,我最近上楼的时候觉得浑身乏力,爬两层就气喘吁吁,晚上容易出汗……您看看我,是不是肾亏啊?"

老头子眼皮往上翻了翻,透过老花镜的横边上下看了张伟一番,又把他手腕抓过去把脉。过了一会儿把张伟的手放开说:"小伙子,你只是吃得太多,动得太少,没事多去锻炼锻炼。年纪轻轻的有什么好肾亏的,就别来我这儿捣乱了。"

张伟满面羞惭,讪讪地站起来。我们几个在一边笑得前仰后合。

那时候我们经常一个宿舍的人集体去旁边的网吧打游戏。经常玩的是《流星蝴蝶剑》,开一个地图,所有人进去不分阵营混战。

我自诩高手,结果就是经常被剩下的人围攻。其他人都是拿着刀、枪、剑之类的兵器近身对砍,只有张伟暗搓搓地拿着一个飞轮或者火铳躲在远处,看到有人蓄满怒气,放出大招的时候,就远远地来一火铳,或者扔个飞轮过来将大招破掉。

大家好不容易憋出一个大招,都被张伟无差别地破掉,自然不爽的很,就满地图追杀他。这家伙也不着急,慢悠悠地跑,要是被围住了就蹲下来让大家砍。被砍死复活以后继续拿着远程武器阴人。

张伟平时的爱好是站在校园里,看着来来往往的漂亮女生,然后目测这些女生的罩杯大小。每次有所发现都兴奋不已。

当时我们宿舍里只有张伟一个人有女朋友。当我们在夜里辗转难眠,幻想着泡一个漂亮学姐的时候,张伟已经每天晚上都穿着大裤衩站在楼道里给他女朋友打电话了。至于为什么去楼道里打电话,是因为我们受不了他打电话时候的肉麻劲。

张伟的女朋友是高中时候泡到的。

所有人的高三回忆起来似乎都差不多。墙壁上挂着"生前何必久睡，死后必定长眠"、"只要学不死，就往死里学"这样的大红色横幅，每个人桌上都堆着一尺多高的复习资料，所有人看起来都蓬头垢面，目光呆滞。如果有人不小心误闯高三教室，一般都会被那如同劳改犯集中营一样的氛围镇住。

在高三之前，张伟一直是一个学渣，眼看着考上大学的希望渺茫，张伟的爸妈急了，把他送去了外地一所以高考升学率高著称的中学借读。

张伟在的那个班都是跟他一样过来借读，进行高考冲刺的外地学生。之前大家彼此之间并不认识，为了升学而聚在了一起。

换了学校并没有改变张伟的学渣本质。那时候张伟目测女生罩杯大小的爱好已经养成，到了新学校以后马上积极展开了探索。

不过那时候大家都是为了能够考一所好大学才来到这里，那些女生个个都清心寡欲的跟修女一样，要是有人打扰到她们的高考大业，立刻就变得像灭绝师太一样冷酷无情。这样一来张伟的兴趣不禁大减，加上无人可以分享自己的发现，这让他感到异常孤独。

于是百无聊赖的日子里，张伟只好以撩拨坐自己前面的女生来打发时光。一开始张伟只是使用给前面的那个女生背上贴贴纸条，或者拿着油笔挑挑她的头发、偷偷抽掉她的凳子，这样的低级手段。

那个女生刚开始对张伟不理不睬，实在被骚扰的烦了以后，就转身怒目而视。

当那个女生转过头来狠狠瞪着自己的时候，张伟就眯着小眼睛迎着她的目光贱兮兮地笑。那目光实在太过猥琐淫荡，那女生每次都败下阵来，收起自己的怒容，气鼓鼓地转回身去。

于是张伟接着各种撩拨。

渐渐地张伟开始不满足于那些小手段，寻摸着搞点刺激的。正好那天前面的女生穿着一件白色的T恤，贴身的文胸带子在后背凸起一圈异常明显。

张伟就伸出手去隔着衣服将文胸带子抓住，然后一拉，再一松手崩回去。

那个女生脊背明显收缩了一下，接着腾地站起来，猛然转过身来。张伟刚刚酝酿好一脸贱笑，结果那个女生并没有对他怒目而视，而是直接将他的手拽过来狠狠一口咬了下去。

张伟疼得龇牙咧嘴，哇哇大叫。等那女生松开嘴，手臂上很清晰的两排牙印子。

那次以后，张伟的手臂就不再仅仅属于他自己，在需要的时候也属于吴思思。

吴思思就是张伟前座的那个女孩。吴思思对着一道数学题解了许久解不出来，于是转过身把张伟的手臂咬一口，接着转回身去继续解题。吴思思今天大姨妈来了，情绪不稳，于是隔一会儿就转过身来把张伟的手臂咬一口，接着转回身去继续情绪不稳。

吴思思今天略有些无聊，于是转过身把张伟的手臂咬一口，接着转回身去继续无聊。

很多年以后，张伟也许会想起那个偷拉了一下前面女孩文胸带子的下午。那是一段青春故事的开端。高三真的压力很大，大得让人绝望，让人想逃。如果没有张伟的手臂，吴思思不知道自己能不能撑下去。

那是吴思思第一次离开家，去一个陌生的地方独自生活。家里怕她住宿舍不习惯，也为了她学习方便，在学校附近的一座小楼上租了一间房给她住。

那座小楼是粉红色的，里面住满了外地来这里读高三的学生。

张伟把这座楼叫作小红楼。自从他的手臂变成吴思思的减压道具以后，便时常出现在小红楼下。两人开始经常一起吃饭，一起散步，上完晚自习以后，张伟会送吴思思回家，到小红楼下才告别离去。

后来，吴思思偶尔会邀请张伟上楼去小坐几分钟。看过《还珠格格》的都知道"小坐"是一个暧昧的信号，很容易变成"小住"。再后来，在周末的时候，吴思思会做好饭叫张伟一起去吃。

在一个周末，张伟去吴思思家吃完午饭准备离开的时候，外面开始下起了大雨。于是张伟就留了下来，两个人坐在窗前，一边看着雨水不停地落下，一边闲聊天。

两人聊着聊着渐渐开始不知道说什么好，气氛不知不觉间变得尴尬而敏感起来。在短暂的沉默以后，张伟把吴思思拉进自己怀里，吻住了她的嘴唇。

2

听完张伟的恋爱故事，舰长表示这一定是编的，这也太琼瑶了。

我们都同意舰长的观点，像张伟这么猥琐的人，怎么可能等到雨天无法离开这样的时候才下手，第一次去人家女孩家里的时候估计就搂不住火了吧。

张伟穿着大裤衩，抖着腿，一脸得意的贱笑。

吴思思在太原的南边上大学，而我们学校在太原的北边。两人之间隔着一个多小时公交车程的距离。每到星期天的时候，张伟就挎个包，带上洗漱用具出门。到晚上的时候还不忘用手机QQ跟我们聊天，表示自己要开始爽歪歪了。

我们都觉得这种行为太贱了，舰长应该把称号让给张伟。那时候我们都盼望这孙子出去开不到房，然后灰溜溜地滚回来。

后来吴思思来我们学校玩，趁着宿管大妈不备，光临了我们宿舍。

吴思思留着齐肩的头发，个子高挑，清秀文静，很温柔地跟我们打招呼。

我们很配合地叫嫂子的叫嫂子，叫弟妹的叫弟妹。

等吴思思走后我们纷纷表示，真他娘的好白菜让猪拱了，鲜花插在牛粪上了，美女都被贱人泡了。

大二那年冬天禽流感爆发，新闻里经常看到死人的消息，鸡肉和鸡蛋变得无人问津。后来情况变得更加严峻，太原所有的学校都施行封闭式管理，将大门全部封锁，不允许外出。

首先受到影响的是学校周边的餐饮业，每一家小饭馆都做了巨大的横幅拉在门前，上面写着订餐电话，可送到大门口。

这次封校持续了很久，我们百无聊赖，大部分时间都躲在宿舍里看网络小说。看累了就睡，睡醒了睁开眼继续看。

到第二个星期的时候，张伟实在忍不住了，跳起来说："不行，老子要去找吴思思！"

那时候窗外大雪纷飞，不时能够听到雪压断树枝的断裂声。

我们说："你疯了，别说你现在出不去，你出去了也见不到吴思思啊，她们学校也一样封着。"

张伟说："她已经翻墙出来了，正在往这边赶。"

我们只好感叹爱情的伟大,能把一个文静清秀的姑娘变成飞檐走壁的侠女。

在学校西门旁边有一段铁栅栏墙,就是上面有一排铁矛尖的那种。张伟把这里选作"越狱"的地点。找了一个保安看不到的角落,从铁栅栏上爬了上去。

我们看得心惊胆战,唯恐他一个不小心把蛋蛋挂在那铁矛尖上,从此再也无法出去爽歪歪。

还好张伟顺利翻墙而出,消失在茫茫大雪中。

真是一对苦命的恋人!

后来,张伟告诉我们,那天因为大雪,他死活等不到公交车,好不容易上车了,一路上各种堵车。两人约定在火车站见面,那里是两人距离的中间点。

结果吴思思先到,在大雪中等了张伟一个小时。等张伟赶到的时候,吴思思的手脚都冻得没有知觉了。

张伟红着眼睛向我们表示,这辈子非吴思思不娶。

整个大学生涯,张伟的感情生活异常稳定。两人不吵不闹,不分手不脸红,相亲相爱,简直可以当选大学生情侣模范。

大学毕业后,彼此都忙着工作,网上聊的多,见面时候少。

有一次无意中看到张伟的QQ个性签名换成了:"曾经说过的话,从这一刻起再无法实现。"

头像也换了，原来一直是他跟吴思思两人骑着自行车映在墙上的影子，现在则换成了张伟一个人的背影照。我满腹狐疑地点开了他的 QQ 空间，一条条翻看他发的状态，越看越觉得不对劲。

我给他发了一条 QQ 消息："伟哥你怎么了？"

张伟回了一个问号的表情："什么怎么了？"

我说："你还装，当然是问你的感情状况啊，看到你发的状态了。"

许久以后，张伟的回复才发过来："哦，没什么，我们分手了。"

我们约定了地方见面，张伟挎着一个巨大的公务包，蓬头垢面，一见到我就给我递过来一支烟，自己也取了一支熟练地点上。

我更加感到诧异，以前宿舍里只有我一个人抽烟，每次我抽烟，张伟都一脸嫌弃，将窗户大开，恨不得把我扔出去。

我问他到底为什么分手？

张伟故作潇洒地弹弹烟灰，说："处腻了呗，换个新鲜的。"

我说："少他妈装了，就你现在这个灰孙子样，很明显是被人踹了，跟我说说到底怎么回事，我给你支支招，再追回来。"

张伟的眼圈瞬间红了，用力吸了一口烟，呛得直揉眼睛："没用的，追不回来了。"

我追问细节，明白了两人分手的原因。

吴思思的家里在当地的煤电系统很有势力，大学毕业以后就在当地给吴思思安排了工作，事业编制，铁饭碗。

而张伟则是在太原自己找的工作，虽然收入还不错，但毕竟是在私企打工。

在山西这样传统观念比较严重的地方，人们总是觉得能吃上"公家饭"才是正道，给私企打工，即使有正规的五险一金，也只是个临时工、打工仔。

山西最有油水的产业首属煤电产业，即使是一个对山西完全不了解的人，提到山西第一也会想到煤炭。吴思思的家族在煤电系统的根底深厚，关系畅通。吴思思进入煤电系统工作，自然前途无量。

而吴思思从小接受的教育就是自己将来有一天会进入煤电系统工作。所以在毕业以后，她没有任何的犹豫和挣扎，很自然地接受了家里的安排。

吴思思平静地向张伟提出了分手。平静的就像是这些年他们之间的恋情。

吴思思的平静，是因为早知道会走到今天这一步。这比那些撕心裂肺发誓赌咒更加决绝。张伟明白自己连一丝挽回的机会都没有。

不需要你辩解，不需要你承诺，不需要你争取，不是不爱你，不是你不够好，只是我们该分手了，只是我们有各自的路要走，终点并不相同。

你只能看着，你只能接受，你什么都做不了，你连愤怒都无从说起，你连恨都没法恨。

我不知道那段日子张伟是怎么熬过来的。那真的是全部得憋在自己心里，一点点地消化。你怎么去恨一个跟你一起安静携手走过多年，就连分手的时候都不曾有一丝龃龉，不曾出半句恶言的女孩呢？

一切都没有错，彼此还相爱。只是爱情在吴思思的人生中，并不是那么重要罢了。这是她的人生观，这是她的选择。她并没有错，她只是和你不同而已。

并不是所有人都视爱情如生命，他们只是碰巧路过彼此的生命，一起走了一段路而已。

然而即使这些道理全懂，又如何能看得开呢？张伟是真真切切地想跟那个女孩子走一辈子啊！那个女孩子，也许没有错，只是绝对正确的人生未免有些无趣。

幸好，她还拥有那些曾经。

世界那么大，又能遇见几个对的人？又有多少真心可供你挥霍？有些人，错过了就是一辈子，那些被你轻轻巧巧抛在身后的东西，也许终其一生你都不会有机会再去拥有。

愿你在多年以后依旧能够记得少年时，曾得到的那一片初心。